Knaur
MensSana

Über den Autor:

David Lindner ist Bestsellerautor, bildender Künstler und Musiker. Er arbeitet als Feng-Shui-Berater, praktiziert schamanische Heilarbeit, unterrichtet Didgeridoo und gibt Ausbildungen in Klangmassage. 1998 gründete er den Traumzeit Verlag, hat rund ein Dutzend meditative Klang-CDs produziert und unterstützt mehr und mehr auch andere Künstler.
www.david-lindner.info

David Lindner

Kreativ und davon leben

Die fünf Stufen zum Erfolg

Knaur
MensSana

Besuchen Sie uns im Internet: www.droemer-knaur.de
Alle Titel aus dem Bereich MensSana finden Sie im Internet unter
www.knaur-mens-sana.de

Komplett überarbeitete und gekürzte
Taschenbuchausgabe August 2008
Knaur Taschenbuch. Ein Unternehmen der Droemerschen
Verlagsanstalt Th. Knaur Nachf. GmbH & Co. KG, München
Copyright © 2004, 2008 Traumzeit Verlag David Lindner, Schönau
Titel der Originalausgabe: »Von Kunst leben«
Redaktion: Dr. Annalisa Viviani
Umschlaggestaltung: ZERO Werbeagentur, München
Umschlagabbildung: David Lindner
Satz: Adobe InDesign im Verlag
Druck und Bindung: Nørhaven Paperback A/S
Printed in Denmark
ISBN 978-3-426-87389-2

2   4   5   3   1

Inhalt

Vorwort
zur komplett überarbeiteten
und gekürzten Taschenbuchausgabe

Dieses Buch richtet sich an Menschen in grundsätzlich allen kreativen Berufen. Die Gesetze, nach denen Erfolg funktioniert – zumal *ganzheitlicher* Erfolg –, sind in allen Berufssparten sehr ähnlich; in den kreativen Branchen aber sind sie identisch. Wenn hier nun häufig von Künstlern und Ausstellungen die Rede ist, so allein deshalb, weil die bildende Kunst viele Jahre lang mein Hauptbetätigungsfeld als Kreativer war (neben meinen Tätigkeiten als Autor, Musiker, Verleger, Galerist und Dozent). Der Künstler steht hier exemplarisch für alle kreativen Berufe.

Für den Kern der Botschaft in diesem Buch ist es ohne Belang, ob Sie durch die Malerei, als Autor oder Fotograf, als Koch oder Heilpraktiker, als Blumenzüchter, Journalist oder Clown Ihre Kreativität ausleben – und von diesen Berufungen leben wollen. Die Seele des Erfolgs erschließt sich auf stets dieselbe Art und Weise.

Kreativ und davon leben dringt ungewohnt tief in die Idee der kreativen Selbstvermarktung vor. Es schlüsselt die Gesetze eines gelebten, ganzheitlichen Marketings auf, das universell einsetzbar ist. So wird es inzwischen auch von immer mehr

Marketingausbildern als wegweisend an deren Schüler weiterempfohlen.

Kreativ und davon leben handelt von der Kunst, von der eigenen Kreativität leben zu können, und das sowohl wirtschaft-
lich als auch spirituell. So wird Ihnen auffallen, dass ich in
diesem Buch nicht so tue, als wäre innerer wie äußerer Erfolg
eine Sache, die man mal eben so erlernt und umsetzt, wie uns
schon so viele Ratgeber und hochdotierte »Motivationstrainer«
weiszumachen versuchten. Es dauert, und es hat bisweilen mit
Arbeit (na, so was!) zu tun. Wer Erfolg haben möchte, muss an
sich und seiner Kreativität arbeiten. Ich helfe Ihnen dabei.
Vielleicht wird es Sie erstaunen, aber sogar ein eigentlich
»schlechtes« Marketing kann von größtem Erfolg gekrönt sein,
wenn nur die *inneren Parameter,* die Grundhaltung, aus der
heraus der Kreative sich und sein Werk vermarktet, »stimmig«
sind. Diese innere Haltung für sich zu ergründen, dabei hilft
Ihnen das vorliegende Buch.

Kreativ und davon leben ist auch ein Motivationsbuch. Es
möchte Sie ermutigen, das Leben als Kreativer zu wagen und
von Ihrer Kreativität die eigene Existenz zu bestreiten – das
macht einfach ungeheuer viel Spaß. Dieser Spaß wiederum
führt dazu, dass Ihr Marketing besser wird. Ganzheitlichkeit
heißt für mich: mit beiden Füßen auf dem Boden. Nur so kann
Spiritualität zeigen, was sie uns Menschen an Möglichkeiten
der Erweiterung bietet: indem wir sie ganz praktisch im täglichen Einerlei integrieren, mit ihr leben und mit ihr arbeiten.
Deshalb überwiegen in diesem Buch auch die praktischen An-
leitungen. Ob es um das Schreiben einer Rechnung geht, um

die Gestaltung einer Visitenkarte oder den Umgang mit dem Finanzamt: Ich versuche Ihnen zu zeigen, wie in all diesen Tätigkeiten Marketing und Spiritualität sich nicht nur vereinen lassen – sie begünstigen sich gegenseitig und öffnen so ein ums andere Mal wieder ein Tor mehr auf dem Weg zum Erfolg.

David Lindner

Prolog

Oft werde ich gefragt, ob ich von meiner eigenen Kreativität leben kann.

Ich gehe manchmal erst morgens um sieben schlafen, weil ich die Nacht über wild tanzend Farben eimerweise über riesige Leinwände gemalt habe. Zum Frühstück lese ich dann gerne ein Buch und gönne mir dabei ein Glas Wein.

Vielleicht arbeite ich morgen sechzig Stunden am Stück. Dabei überkommt mich ein Glücksgefühl, denn ich sitze an meiner Arbeit. Danach fahre ich für eine Woche ans Meer. Nur um dazusitzen und hinaus zu schauen.

Vielleicht lebe ich ein halbes Jahr von Reis und Nudeln, weil ich gerade kein Geld habe. Das ist schön, denn manchmal verdiene ich unerwartet so viel, dass ich in Champagner baden könnte.

Doch ich lege keinen großen Wert auf Champagner, ich kaufe mir lieber Materialien für neue Arbeit. Weil Spaß und Arbeit für mich eins sind.

Ich erlaube mir den Luxus, traurig zu sein ob des Dunkels in der Welt. Darum beweine ich so manchen Frühlingsmorgen, weil nicht für alle Menschen die Blumen blühen. Doch schon am Mittag schaffe ich ein Licht, wie es noch nie zuvor erstrahlt ist. Und dieses Licht macht die Welt noch schöner, als sie es ohnehin ist.

Ich liebe das Leben, ich sauge sein Mark auf wie ein goldenes Elixier. Was andere über mich sagen, ist mir vollkommen gleichgültig. Denn ich habe nur die Pflicht, zu sein, wer ich bin, und ich bin Künstler. Niemand kann mir vorschreiben, was ich tun oder lassen soll. Jeden Augenblick entscheide ich neu, was ich gleich mache oder lieber bleibenlasse. Denn mein Herz schlägt mutig, und mein Banner heißt Freiheit.

Ich bin ein Kind des Lebens, und Kreativität ist der Nektar meines Seins. Jeden Tag erschaffe ich meine Welt neu. Ich tanze und ich lache, ich kämpfe und ich weine. Ich lasse den Träumen der Menschen Flügel wachsen, und das nenne ich Liebe. Denn aus Träumen werden Welten geboren.

Ob ich von meiner eigenen Kreativität leben kann?

Kann man überhaupt von etwas anderem leben?

Die Seele
des
Erfolgs

Als ich 1999 die Idee zu diesem Buch hatte, ahnte ich nicht, welchen Qualen ich mich wegen dieses Werkes fast fünf Jahre lang aussetzen würde. Eigentlich hatte ich nur vorgehabt, eine kleine Sammlung von Tipps und Tricks zusammenzustellen, die meinen Kollegen helfen sollten, ihre Kreativität besser zu vermarkten. Als Künstler hatte ich viele Erfahrungen gesammelt, die ich auch anderen Kreativen zur Verfügung stellen wollte, um ihnen viele Fehler zu ersparen, die ich selbst gemacht und die mich viel Zeit und vor allem Geld gekostet hatten. Ich kenne viele begabte Menschen, die auf ihrem Weg scheiterten, weil sie nicht über das nötige Know-how verfügten.

Übermütig kündigte ich die Veröffentlichung des Buches für Mitte 2000 in der Gewissheit an, dass es mir leicht von der Hand gehen dürfte. Doch es kam anders. Ich begann, mich intensiv mit dem Thema Marketing auseinanderzusetzen, las wohl an die hundert Fachbücher, besuchte Seminare, lauschte Vorträgen. Ich war überzeugt gewesen, mich gut auszukennen, aber nun wurde ich mit einer Fülle neuer Vermarktungsmöglichkeiten konfrontiert.

Gleichzeitig wuchs mein Erfolg als bildender Künstler, Musiker und Autor. Ich gründete einen Verlag und probierte all die neuen Marketingstrategien aus. Durch die Ausweitung meiner Möglichkeiten lernte ich viele interessante Menschen aus den verschiedensten kreativen Bereichen kennen. Viele, die entschieden erfolgreicher waren als ich, aber auch viele, die sich mit ihrer Kreativität schwertaten. Ich beobachtete genau, wie die Erfolgreichen und die Erfolglosen lebten, arbeiteten und dachten. Ich experimentierte herum, ahmte andere nach, suchte eigene Wege, scheiterte oft und feierte Erfolge. Die ganze Zeit suchte ich nach einem Weg, mein geplantes Buch zu schreiben. Immer wieder fragten Buchhändler und Leser mich nach dem Stand der Dinge, und immer vertröstete ich sie und mich, das Buch würde spätestens in sechs Monaten fertig sein.

Daraus wurden leider viereinhalb Jahre – was mir echt peinlich war, weil ich es zwar schaffte, sieben Bücher zu schreiben, über ein Dutzend CDs zu produzieren, Konzerte zu geben, Ausstellungen zu organisieren, Seminare zu veranstalten und zwei Ausbildungen zu bewältigen, jedoch nicht, dieses einfache Buch zu schreiben.

Inzwischen tauchten immer mehr Kreativratgeber auf dem Buchmarkt auf. Unzufrieden schmökerte ich in den Büchern der Kollegen rund um die Thematik »Wie kann man von der eigenen Kreativität leben?« und grollte mir selbst, mehr als es klug war. Denn ich war die ganze Zeit auf der Suche nach einer Antwort auf die Frage nach dem Geheimnis des Erfolgs. Und diese Antwort fand ich in keinem der Bücher, die ich las. Denn sie erfassten nicht das, was ich in der Welt des Handels und Wandels zunehmend klarer wahrnahm – was nämlich den einen Menschen erfolgreich macht und den anderen nicht, was die Ursachen des Erfolgs sind, was sein Grundprinzip ist, wie seine DNS ist. Und schließlich suchte ich nach einer Antwort auf die Frage: Was ist der geistige Quell, die Seele des Erfolgs? Denn eines war mir schon seit einer Weile klar: Marketing allein führt einen nicht zum ganzheitlichen Erfolg.

Seit über zwanzig Jahren macht es mir Freude, mit meinen Mitmenschen, Kollegen, Geschäftspartnern und Kunden schnell ins Gespräch zu kommen und über ihre Gefühle, Hoffnungen, Ängste und ihren Lebensweg zu sprechen. Die Niederschrift dieses Buches hat so viel Zeit in Anspruch genommen, weil ich über das Wesen und die Komponenten des Erfolgs Klarheit erlangen wollte. Ich konnte in all diesen Gesprächen, wie auch bei der Beobachtung der Reichen und Berühmten feststellen, dass es offensichtlich verschiedene Formen des Erfolgs gibt.

Wenn in Marketingratgebern und Wirtschaftsbüchern von Erfolg die Rede ist, geht es meistens um das Erreichen eines bestimmten Ziels. Wenn ein Mensch in unserer Kultur ein Ziel ins Auge gefasst und es dann erreicht hat, bezeichnen wir ihn als erfolgreich. Dabei kann es sich um den Schulabschluss, die Aufnahme an einer Akademie, eine Ausbildung, einen Auftrag, eine Ausstellung, ein beachtliches Jahreseinkommen, Popularität oder eine Anstellung bei einer bestimmten Firma handeln. Selten ist der Mensch in seiner Ganzheit Mittelpunkt des Prozesses. Wird er durch das Erreichen des Ziels langfristig glücklich? Ein zuvor gefasstes Ziel zu erreichen gibt einen kurzen Kick des Glücksgefühls. Doch was ist danach? Diese Frage drängte sich mir auf, weil mir viele beruflich sehr erfolgreiche Menschen begegnet sind, die nicht glücklich, ja sogar entschieden unglücklich oder unzufrieden waren, obwohl sie alles erreicht hatten. Ihr ganzer beruflicher Erfolg war nichts wert. Ein schönes Haus, mehrere schicke Autos, ein aufwendiger Lebenswandel mit dem dazugehörigen Luxus und teuren Bekanntschaften.

Wie viel aber ist beruflicher Erfolg wert, der nicht gleichzeitig eine Bereicherung unseres Privatlebens mit sich bringt? Wie viel ist das Erreichen aller beruflichen Ziele wert, wenn ich ohne tieferen Sinn, ohne Glück, ohne Freude lebe?

Ich habe aber auch glückliche Menschen kennengelernt, deren Glück nie zwingend mit beruflichem Erfolg verbunden war. Es gab Glückliche unter den Reichen wie den weniger Begüterten, unter den Berühmten wie den Unbekannten.

Gibt es also zwei Formen des Erfolgs?

Der quantitative Erfolg, der sich in Zahlen messen lässt: Wie viel verdient jemand, welchen sozialen Stellenwert hat er, welche Ziele erreicht er? Ihm gilt fast das ganze Augenmerk unserer gesellschaftlichen Wahrnehmung. Durch Erziehung, Schule und Medien wird uns suggeriert, dass sich Erfolg an Äußerlichkeiten und Statussymbolen messen lässt.

Der qualitative Erfolg kann zwar ebenfalls die genannten quantitativen Komponenten enthalten, jedoch sind diese immer den Qualitätsfragen untergeordnet. Die Qualität fragt stets, wie geht es mir persönlich im Leben? Bin ich zufrieden, bin ich glücklich? Mache ich meine Arbeit gern? Empfinde ich Freude dabei? Hilft mir meine Arbeit, mich in meinem Inneren sowie in der Außenwelt zu entwickeln? Ist sie ein Quell meines Lebens? Die Qualität des eigenen Daseins als Erfolgsziel ist leider immer noch ein Stiefkind unserer Kultur. Doch was ist das für ein Erfolg, wenn der Mensch nicht zufrieden ist mit sich, seinem Leben, seiner Familie? Wir haben nur dieses eine Leben. Und Sterben ist für alle gleich, für die Berühmten wie für die Unbekannten. Was aber, wenn ich reich und berühmt sterbe und doch keine Zeit hatte, das Leben zu genießen, oder, schlimmer noch, wenn kein Mensch in Liebe an mich zurückdenkt?

Geld und Ruhm machen nicht glücklich

Sollte ich ein Buch schreiben, das Erfolg auf den Beruf reduziert? Kann man überhaupt den beruflichen Erfolg, der den Erfolg im Privatleben oft behindert, als Erfolg bezeichnen? Sollte ich etwa ein Marketingbuch über die Techniken statt über die Seele des Erfolgs schreiben, nur weil es einfacher ist, Techniken zu beschreiben, als von dem Atem der Sehnsucht, von der Hoffnung der Erfüllung zu sprechen? Nur um der Norm des Marktes zu gehorchen und niemanden zu verschrecken oder zu verärgern? Sie kennen bereits die Antwort.
Ich möchte Ihnen einige Tore zeigen, die Ihnen den Weg zum ganzheitlichen Erfolg öffnen. Ich kann Ihnen diese Tore allerdings nur zeigen. Zu ihnen hinlaufen, sie aufstoßen, durch sie hindurchgehen und herausfinden, welches für Sie den Weg zu wahrem Erfolg eröffnet, müssen Sie selbst. Es gibt genug Bücher, die uns vorgaukeln, durch das Befolgen ihrer Leitsätze könne man das Leben leichter meistern, erfolgreicher oder glücklicher sein. Ich bin davon überzeugt, dass jeder Mensch sich seine eigenen Leitsätze zusammenstellen muss, um Erfolg zu haben.
Besteht wahrer Erfolg nicht darin, sich selbst zu erkennen und mit den eigenen Stärken und Schwächen anzunehmen? Liebe

zu geben und Liebe zu empfangen? Wenn einem das gelingt, dann wird der berufliche Erfolg nicht mehr für den eigenen Selbstwert benötigt. Niemand wird durch den Erfolg größer oder liebenswerter werden. Wenn Sie Ihr Tor finden, dann sind Sie selbst der Erfolg. Nichts kann Ihnen dann mehr zustoßen. Dort sind das Licht und die Wärme. Der Hort der Erfüllung. Qualitativer Erfolg heißt ankommen im Menschsein.

☞ **Es ist ein weiter Weg. Doch es lohnt sich, ihn zu gehen. Sie werden bereits erwartet.**

Mit diesem Buch möchte ich Sie inspirieren. Es ist ein Lesebuch, ein Mitdenk-, Nachfühl- und Widerspruchbuch. Ich habe Dutzende von Übungen und Marketingplänen ausprobiert. Die neuen klugen Erkenntnisse, die man durch sie gewonnen hat, stimmen einen fröhlich. Aber nach einigen Tagen, Wochen oder Monaten merkt man, dass sie einem eigentlich kaum etwas gebracht haben. Außer dass man weiß, dass der von ihnen vorgeschlagene Weg für einen selbst richtig zu sein scheint. Diese Anleitungsbücher sind meiner Erfahrung nach fast nur für linkshirnaktive Menschen nützlich, die strukturierte, logisch-dominierte Menschen sind, die mit Ordnung, Vorschriften und Planungen gut zurechtkommen. Unter den kreativen Freiberuflern sind solche Menschen eher seltener anzutreffen. Die meisten von ihnen sind das Gegenteil von linksdominant: Sie denken nicht linear, sind impulsiv, chaosfreundlich, vernetzt, strukturschwach – eben kreativ. So ist auch dieses Buch vernetzt. Die einzelnen Stufen meines Erfolgsmodells spiegeln sich in allen Facetten des Buches wider. Alles ist mit allem verwoben. Ob Sie nun eine Visitenkarte entwerfen oder Pressearbeit betreiben, an Ihrer Corporate Identity feilen oder Ihre Zielgruppe zu definieren suchen – immer tun Sie es als ganzer Mensch, und so prägen Ihre Einstellungen und Wahrnehmungen stets Ihr Tun. Dieses Tun und sein Erfolg wiederum sind lustvolle Möglichkeiten, sich in seiner Berufung und seinem Ausdruck selbst zu erkennen. Ist es nicht herrlich, kreativ zu sein? Genießen Sie es.

Dies ist ein Mehrfachlesebuch. Es lohnt sich, darin zu schmökern und herauszufinden, welche Marketingwege für Sie in Frage kommen, und sie auszuprobieren. Vor allem aber sollten Sie das Buch in ein oder zwei Jahren noch einmal lesen oder von Zeit zu Zeit einzelne Passagen gezielt nachlesen.

Im Anhang finden Sie außerdem einige nützliche Buchtipps. Dieses Buch verschafft Ihnen eine solide Grundlage, auf der Sie dann Ihren individuellen Bedürfnissen entsprechend aufbauen können – Marketing ist ein unerschöpfliches Thema. Es gibt über fünftausend Bücher zu diesem Stichwort!

Im Folgenden versuche ich, Ihnen die Seele des Marketings und meine Idee vom Geheimnis des Erfolgs vorzustellen. Möge es Ihnen eine Hilfe sein auf den wilden Wegen, die noch vor Ihnen liegen.

Das
5-Stufen-Modell
des qualitativen Erfolgs

Aus meinen Erfahrungen und Beobachtungen heraus habe ich ein Modell abgeleitet, das Ihnen eine Inspiration bieten kann, den Weg zu gehen, die Tore zu finden – und schließlich Ihr eigenes Tor zu öffnen. Jedes Modell ist natürlich nur ein Abbild, ein Versuch, die Wirklichkeit einzufangen. Ich versuche dem gerecht zu werden, indem ich innerhalb des Buches die Stufen nicht strikt voneinander trenne. In allem, was Sie im Marketing tun, können oder sollten sogar alle Stufen enthalten sein.

Erste Stufe: Erkennen Sie sich selbst und Ihre Berufung.
Zweite Stufe: Ändern Sie Ihre Sicht der Dinge.
Dritte Stufe: Die vier Säulen.
Vierte Stufe: Marketing im Detail.
Fünfte Stufe: Evolution.

Vieles von dem, was Sie in diesem Buch lesen, stellt eine Art Tabubruch dar. Es wird ja immer noch so getan als ob persönliches Wachstum oder ein gekonnter Umgang mit Finanzen Intimthemen wären. Man lernt zwar alles Mögliche, jedoch nicht, wie man sein Konto im Lot behält. Physik lernen wir, aber dass die Gesetze von Ursache und Wirkung auch unsere Welterfahrung ausmachen, das wird meist verschwiegen. Niemand will sich in seine Kontoführung oder seine Sicht von Glück und Unglück hineinreden lassen, besonders Künstler nicht. Viele erfolgreiche Menschen sind jedoch gerade eben deshalb erfolgreich, weil sie anderen zugehört und Ratschläge befolgt haben. Die Tipps, die ich in diesem Buch gebe, habe ich nicht selbst erfunden, sie werden vielmehr von Profis gelehrt und von zahllosen Menschen in die Praxis umgesetzt.

Erste Stufe: Erkennen Sie sich selbst und Ihre Berufung

Hier geht es darum, herauszufinden, wer Sie eigentlich sind. Nehmen Sie einen Stift und Papier und schreiben Sie die Antworten auf.

Woher kommen Sie? Das heißt, wer sind Ihre Eltern und Ihre Großeltern, wer sind andere wichtige Verwandte, die Sie geprägt haben? Wie hat ihre Art zu denken und zu handeln Ihre Weltsicht beeinflusst?

Es gilt, hier ehrlich aufzuschreiben, von wem Sie etwas gelernt haben, wessen Talente Sie von ihnen geerbt haben und welche Eigenschaften sie Ihnen mitgegeben haben, die Sie blockieren.

Haben der Ort und das Land, in dem Sie aufgewachsen sind, Sie geprägt? Was ist an Ihnen typisch für Menschen in Ihrer Gegend, was typisch deutsch, österreichisch oder schweizerisch ist? Was stört Sie daran, und wo liegen die Stärken dieser Prägung? Haben Lehrer in der Schule Sie beeindruckt? Hatten Sie Lehrer oder Vorbilder aus der Geschichte, die Sie bewun-

dert haben? Gab es Bücher, die Einfluss auf Ihr Leben ausgeübt haben? Es lohnt sich, sich ein paar Stunden hinzusetzen
und bei einer Tasse Tee oder Kaffee darüber nachzudenken, wo
Ihre Kraft und Ihr Potenzial, Ihre Schwächen und Ängste herrühren.

Wenn wir über unsere Geschichte Bescheid wissen, sie ehren
und achten, dann kennen wir uns ein wenig besser, und das
hilft uns zu wachsen. Gerade leidvolle Erfahrungen sind prä-
gend und führen zu den besonderen Eigenarten, die Menschen
an sich haben. Denn wir alle tragen das Blut unserer Ahnen in
uns, ihre Gene haben uns geformt. Und selbst wenn Ihre Vor-
fahren schlechte Menschen gewesen sein sollten, so trugen sie
doch dazu bei, dass Sie heute hier sitzen, dieses Buch lesen
und Sie so sind, wie Sie sind.

Solange wir unsere Geschichte nicht kennen oder gar vor ihr
fortlaufen, nehmen wir uns nicht ganz an. Es ist schwer, erfolgreich zu sein, wenn man sich nicht ganz annimmt. Solange Sie keinen Frieden mit Ihrer Geschichte geschlossen haben,
können Sie keinen Frieden finden im Erfolg.

Es kann Jahre dauern, bis man wirklich weiß, wer man ist. Es
hilft, sich immer wieder die oben erwähnten Fragen zu stellen.
Erfahrungsgemäß gibt ein Achtzehnjähriger andere Antworten
darauf als ein Vierzigjähriger. Gemeinsam mit Ihrer Geschichte können Sie nun auf die Suche nach Ihrer beruflichen Bestimmung gehen. Was sagt Ihnen Ihr Herz, was Sie leben wollen? Was ist Ihre Berufung? Wenn Sie Ihre Berufung erkennen,
sie akzeptieren und annehmen, dann sind Sie nicht aufzuhal-
ten, dann ist es – wenn Sie die übrigen Stufen nutzen – unmöglich, nicht erfolgreich zu sein.

Die eigene Berufung zu erkennen, ist eine hohe Kunst. Gerade weil uns unsere familiäre und kulturelle Geschichte so sehr prägt, sind unsere intimsten Wünsche und Bedürfnisse oft unter einer schweren Betonmauer von anerzogenen Idealen und Wertvorstellungen geprägt. Die wenigsten von uns werden von der Familie oder der Schule darin gefördert, die eigene innere Stimme zu erkennen. Wir werden darauf gedrillt, etwas Ordentliches zu lernen und den Weg zu gehen, den alle gehen. Kaum jemand nimmt kreative Visionen bei Kindern und Jugendlichen ernst. Doch Berufung erdenkt man sich nicht. Berufung ist eine Stimme, die man im Bauch, im Herzen oder im ganzen Körper spürt. Diese Stimme drückt sich nie zuerst über Gedanken aus, denn ihrer Natur nach entspringt sie dem Gefühl. Nach dem Selbsterhaltungstrieb und der Liebe ist Berufung eines der mächtigsten Gefühle. Wer zu seiner Berufung gefunden hat (wobei das Alter überhaupt keine Rolle spielt), gelangt binnen kurzer Zeit zu beruflichem Erfolg. Seine Berufung zu erkennen heißt, sich mit der großen Sehnsucht, sich mit der Aufgabe seiner Seele zu vereinigen. Wenn Sie diese Einheit erlangen, sind Sie der Erfolg.

Es bedarf oft vieler Jahre und mühsamer Wege, um die eigene Berufung zu entdecken. Oft meint man, den eigenen Weg gefunden zu haben. Doch nach einigen Wochen, Monaten oder Jahren stellen sich Zweifel ein. Das ist ganz normal. Es gilt weiterzuforschen. Jeder Weg ist ein Lehrweg, Niederlagen existieren nicht, wenn Sie offen bleiben. Lernen Sie, Ihren Gefühlen zu trauen, und sie werden Sie zu sich selbst führen. Wenn Sie lange genug lauschen, werden sie sich Ihnen offenbaren. Vertrauen Sie darauf: Für jeden Menschen gibt es eine zentrale Aufgabe in dieser Welt.

In der zweiten Stufe schulen Sie Ihre Wahrnehmung des Lebens. Sie betrifft den Umgang mit Ihnen selbst und mit Ihrer Umwelt. Auch diese Stufe ist entscheidend für Ihren Erfolg im Leben. Sie hat zudem den größtmöglichen Einfluss auf Ihre Fähigkeiten, Ihre Kreativität erfolgreich zu vermarkten. Sie verbindet den Erfolg des Lebens mit dem Erfolg im Beruf, also Qualität mit Quantität.

Die zweite Stufe fordert Sie immer wieder zu neuer Beweglichkeit heraus. Stellen Sie Fragen aus neuen Perspektiven. Nehmen Sie sich nicht zu ernst, das Beharren auf Standpunkten bringt einem nichts. Im asiatischen Denken sind Standpunkte und Überzeugungen immer nur temporär, man verteidigt eine Überzeugung nur, solange sie einem zum Vorteil gereicht. Wir Westler hingegen halten an unserer Überzeugung fest, selbst wenn uns der Untergang droht. Deutschland hat gerade die größten Probleme seit dem Zweiten Weltkrieg vor sich, und im Augenblick hat es fast den Anschein, als würde man es vorziehen, Politik, Gewerkschaften, Rechts- und Sozialsystem lieber untergehen zu lassen, als sie zu erneuern. Wir halten an etwas fest, was überholt ist. Aber vielleicht gelingt es uns doch noch, unsere Sicht der Dinge zu verändern. Erste Anzeichen dafür gibt es bereits.

Dieses Buch ist durchzogen von inspirierenden Sichtweisen und Vernetzungen. Arbeit bedeutet Freude, und Marketing ist Dienst am Menschen. Sie sind Ihres eigenen Glückes Schmied. Erfolg ist das Resultat Ihrer Handlungen in der Vergangenheit und beruht nicht etwa auf unverhofftem Glück oder Zufall. Bei Glück oder Zufall hätten ja Gott oder der Teufel die Hände im Spiel – beide arbeiten aber sicher nicht willkürlich. Unter mathematischem Blickwinkel existiert ohnehin kein Zufall.

Eine neue Sicht für Künstler kann heißen, Abschied zu nehmen von der Vorstellung, das eigene Scheitern sei die Folge des Undanks der Welt und der Ignoranz der Menschen. Weder die Welt noch die Menschheit sind unfähig. Wenn ein Künstler es nicht schafft, liegt es ausschließlich an ihm selbst. Van Gogh hätte sehr wohl von seiner eigenen Kreativität leben können, doch ein Blick in seine Briefe macht uns mit seiner schwierigen Psyche vertraut. Er war ein extrem komplizierter Charakter und wurde zeit seines Lebens nicht mit sich selbst fertig. Dementsprechend verheerend war sein Marketing. Van Gogh wird gern für den Prototypen des brotlosen Künstlers gehalten – er ist aber ein Genie auf dem Gebiet der Kunst und ein Versager in sozialer Hinsicht.

Es gehört zur zweiten Stufe, sich die Frage zu stellen, warum es mit der eigenen Karriere oder dem eigenen Lebensglück nicht klappt. Die Gründe für Erfolglosigkeit sind stets in den Handlungen und Gedanken verborgen, die hinter uns liegen, denn unsere Vergangenheit prägt unsere Gegenwart. Höchste künstlerische Begabung oder Genie sind keinesfalls die zwingenden Voraussetzungen für Erfolg. Sie können sogar eher hinderlich sein. Ihre derzeitige Auffassung von Kreativität hat heutzutage weit mehr Einfluss auf Ihren Erfolg als Ihre Begabung. Es gibt einfach viel zu viele unbegabte kreative Menschen, die es mit ihrer Einstellung bis in die Spitzenliga schaffen.

Dritte Stufe: Die vier Säulen

Die dritte Stufe sind die vier Säulen, die sowohl die Optionen beinhalten, beruflichen Erfolg zu sichern, als auch sich in der Lebenskunst zu entwickeln. Wenn Sie diese Stufe mit ihren Säulen nicht umsetzen, hat es jedoch keinen negativen Einfluss auf Ihren Lebenserfolg. Den vier Säulen ist in diesem Buch ein eigenes Kapitel gewidmet.

Vierte Stufe: Marketing im Detail

Mit dieser Stufe befassen sich die meisten Bücher zum Thema Marketing und beinhalten meistens praktische Informationen. Marketing ist in der Lage, Sie beruflich erfolgreich zu machen. Doch gutes Marketing ist ganzheitlich und wird mit Leib und Seele gelebt. Es versucht, sich um die Bedürfnisse der Menschen zu bemühen, und das kann, wenn man es wahrhaft und ehrlich tut, erheblich zum eigenen Lebenserfolg beitragen.

Fünfte Stufe: Evolution

Die fünfte Stufe schließlich regt Sie dazu an, über dieses Buch und über die Grenzen Ihrer Erfahrung hinauszugehen. Es regt Sie an, nach dem Erkennen Ihres Selbst, wie es in der ersten Stufe beschrieben ist, nicht aufzuhören, sich zu entwickeln. Bilden Sie sich weiter, und Ihr Lebensglück wird nicht nur fortbestehen, es wird wachsen.

Eine neue Sicht von Kreativität und Leben

Die Erkenntnis der eigenen Berufung

Es gibt mehr Gründe, Künstler zu werden, als es Blätter an einem großen Baum gibt. Für die Arbeit mit diesem Buch und für die Optimierung Ihres künftigen Marketings ist es hilfreich, wenn Sie möglichst viel über sich lernen. Je genauer Sie sich kennen, desto effektiver können Sie Ihre Beweggründe nach außen vertreten. Je genauer Sie sich bei der Findung Ihrer Ziele definieren können, desto besser wissen Sie, wo Ihre Stärken und Schwächen liegen.

Im Folgenden stelle ich Ihnen eine einfache Übung vor, die viel Spaß macht. Sie sollen den Film Ihres Lebens schreiben, Ihren Traum von Ihrer Zukunft als Kreativer. Für diese Übung brauchen Sie höchstens eine Stunde Zeit, in der Sie sich durch nichts und niemanden stören lassen sollten. Sie benötigen einen Stift und ein paar Blätter Papier. Dann laden Sie noch Ihre Träume ein, denn sie sind sehr wichtig für diese Übung. Schreiben Sie nieder, warum Sie von Ihrer Kreativität leben wollen. Finden Sie mindestens zehn oder, besser noch, zwanzig Gründe oder noch mehr, warum Sie sich vorstellen, ein Leben als Künstler wäre für Sie das Richtige. Denken Sie darüber nach, wie sich Ihr Leben als Kreativer verändern wird. Wie Sie in Zukunft mit Ihrer Familie und Ihren Nachbarn umgehen möchten. Wie und wo Sie leben wollen. Was sich an Ihnen verändern wird. Wie Sie essen, schlafen, arbeiten, leben und lieben werden. Wie Sie Geld verdienen werden. Jedes Detail ist wichtig! Also auch so etwas wie: »Ich arbeite lieber nachts und stehe erst mittags auf.« Oder das innere Bild, wie Sie einen Plattenvertrag unterschreiben oder wie Ihnen ein glücklicher Kunde Geld für den Kauf eines Bildes in die Hand drückt.

Je umfassender Ihre Träume und Visionen vom Leben als Künstler sind, desto deutlicher unterstützt Sie dieses Wissen bei der »Arbeit« mit diesem Buch. Wünsche und Visionen verändern sich im Lauf der Zeit und mit den Erfahrungen, die Sie machen. Deshalb ist es überaus wichtig, diese Übung in regelmäßigen Abständen zu wiederholen, am besten alle paar Monate oder zumindest einmal im Jahr. Wenn Sie diese Übung nach einigen Monaten oder einem Jahr wiederholen, lesen Sie vorher nicht das Ergebnis der letzten Visionssuche durch, sondern schreiben Sie erst Ihre aktuellen Träume und Visionen nieder. Erst wenn das geschehen ist, können Sie die alten Aufzeichnungen zum Vergleich heranziehen. Sie werden dann unter Umständen feststellen, dass einige Träume verschwunden und neue aufgetaucht sind. Das ist normal und sinnvoll. Die Visionen passen sich mit zunehmender Erfahrung besser den Möglichkeiten der Realität an und mit einiger Übung und Umsicht treten immer mehr Visionen in Ihr Bewusstsein, die sich mit hoher Wahrscheinlichkeit auch wirklich realisieren lassen.

In Gesprächen mit Hunderten von kreativen Freiberuflern sowie bei der Beobachtung zahlreicher weiterer Künstler haben sich einige wichtige Gründe herauskristallisiert, warum diese Menschen von ihrer Kreativität leben wollen:

1. Sie haben ein starkes Bedürfnis nach Kommunikation und besonders nach Kommunikation der eigenen inneren Bilder und Visionen.
2. Sie hegen den offenen oder unbewussten Wunsch nach Anerkennung und Lob für die eigenen, sehr persönlichen Leistungen (der Applaus (Ruhm) ist das Brot des Künstlers).
3. Sie zeigen eine verminderte Bereitschaft, sich (länger) in das »normale« Arbeitsleben mit seinen Rhythmen, Hierarchien, dem Stress, Mobbing, Abhängigkeiten und ähnlichen Nachteilen einzugliedern.
4. Sie streben den Beispielen erfolgreicher Künstler nach und wollen gutes Geld (auch Reichtum) für schöne Arbeit in freier Einteilung und Eigenverantwortung verdienen.
5. Sie sind getrieben von dem Wunsch, die eigenen kreativen Fähigkeiten dem Gemeinwesen nicht vorzuenthalten, sondern über ihre künstlerische Arbeit an gesellschaftlichen Wandlungsprozessen aktiv mitzuwirken.
6. Wer kann sich noch an den wunderbaren Film *Der Club der toten Dichter* erinnern? Dort raunte der unorthodoxe Lehrer Keating seinen jungen Schützlingen (sinngemäß) ins Ohr: »Warum wird Poesie geschrieben? Aus einem Grund: Um die Frauen zu betören!« Das war natürlich nur ein starkes Bild Keatings an seine jungen Schüler. Doch ja, es geht darum, das Herz der Menschen zu berühren, sie zu verführen, zu betören, sie an der Wildheit, der Weisheit, der Wut und der Liebe des Lebens teilhaben zu lassen, auf dass sie mit uns die Wollust des Seins feiern können. Es geht nicht

um Sex, sondern um Liebe, um Transzendenz. Es geht darum, dass kreatives Schaffen uns zeigt, was im Leben möglich ist, außerhalb von Norm, Gleichmaß und dem täglichen Einerlei.

7. Doch die meisten Menschen kommen unbewusst zur eigenen Kreativität. Sie wachsen einfach in sie hinein. Sie werden von ihrer Begeisterung für ein Thema, eine Technik, einen Stil berufen im Sinne einer Berufung. Sie machen sich erst mal keine Gedanken darüber, wie es wäre, als Künstler zu leben. Das Leben aber sorgt dafür, dass sie sich mehr und mehr zu ihrem kreativen »Hobby« hingezogen fühlen, und früher oder später nimmt das Hobby mehr Raum ein als das übrige Leben, oder das Hobby bringt mehr Verdienst ein als der Job, und dann wird Kreativität zum Leben.

8. Der Hauptgrund ist jedoch von tieferer Natur: Kreative Menschen sind auf der Suche in ihrer Kreativität. Sie suchen nach Sinn, nach Gott, nach Antworten auf die Mysterien des Seins. Vor allem aber suchen sie sich selbst zu erkennen und sich selbst zu leben. Längst nicht alle Künstler sind sich dessen spontan bewusst. All die anderen Gründe sind richtig und wahr, doch sie sind nur einige unter vielen. Im Kern ist der Künstler der Prototyp des Menschen auf der Suche und in der Entfaltung seiner selbst – der Mensch auf der Suche nach seiner Identität.

9. Künstler, die ihre Identität gefunden zu haben scheinen, tauchen tiefer ein in das Feld dieser Suche. Sie ergründen und erleben sich (und oft das göttliche Prinzip) in allen Facetten und Feinheiten. Sie sind die Quantenphysiker der Seelenerkennung geworden. Sie dringen immer tiefer in das

Thema ihrer Arbeit ein und damit in die Entfaltung ihrer Seele. Fast alle großen Künstler hinterlassen bemerkenswerte Einsichten in das Wesen der Kreativität und ihrer Verbindung zur Spiritualität.

Welche Beweggründe Sie den Wunsch hegen lassen, von Ihrer Kreativität leben zu wollen, ist einzig Ihre Sache. Es ist aber hilfreich, wenn nicht gar Voraussetzung für einen erfolgreichen Weg, wenn Sie wissen, was Ihre innersten Motive sind. Es ist klar, dass Ihr Arbeiten anders aussehen dürfte, wenn Sie vorhaben, der Welt Kultur zu schenken, als wenn Sie den legitimen Wunsch hegen, einen Haufen Geld zu verdienen. Wenn Sie Geld verdienen wollen, dann wird es Ihnen einfacher fallen, ein Marketing zu betreiben, das sich an den Bedürfnissen des Marktes ausrichtet. Wenn Sie die Welt verbessern möchten, dann muss Ihr Marketing vielschichtiger und sensibler sein, um Ihretwillen und weil es nicht immer einfach ist, Idealismus so zu vermarkten, dass er wahrhaftig ist und nicht missionarisch daherkommt. Ergründen Sie Ihre Motive. Nehmen Sie sich ruhig einige Wochen Zeit. Dieses Buch wird Ihnen dabei helfen. Ich schreibe über so viele Künstler und Möglichkeiten, irgendwo werden Sie sich womöglich wiederentdecken.

Bei kaum einem anderen Beruf wird so oft die Frage gestellt: »Sie sind Künstler? Da können Sie doch sicher nicht davon leben?« Es ist nicht einfach eine Frage, vielmehr ein Statement, eine Glaubensaussage, die keinen Widerspruch zulässt. Fast alle von uns haben in ihrer Kindheit oder Jugend ähnliche Sätze von den Eltern, Großeltern oder anderen Erwachsenen gehört: »Von der eigenen Kreativität kann man nicht leben«, »der ist ein brotloser Künstler«, »Künstler brauchen Mäzene, sonst können sie nicht frei arbeiten«. Wenn der pubertierende Sprössling auf die absurde Idee kam, Künstler werden zu wollen, bekam er ordentlich den Kopf gewaschen: »Lern was Vernünftiges!» – »Tanzen kannst du am Wochenende!« – »Musik mach im Verein! – »Du willst Bilder malen? Mal erst mal ein schönes Porträt von Oma!« Die Ansicht »Kunst ist brotlos« mag vor dem Zweiten Weltkrieg der Wahrheit entsprochen haben. Heute stimmt sie nicht mehr.

Einen Müllmann fragt keiner: »Kann man denn vom Mülltonnenleeren leben?« Diese Frage würde einer Verletzung des Anstands gleichkommen. Einmal traf ich einen Mann, der mit Knöpfen und einen anderen, der mit Elektroschaltern reich geworden war. Stellen Sie sich mal folgende Szene vor: »Ich bitte Sie, Sie armer Mensch: Sie machen Knöpfe? Und Sie? Was? Lichtschalter? Davon kann man sicher nicht leben!«

Wir leben im dritten Jahrtausend im Herzen Europas. Man kann hier von allem leben und mit allem Möglichem sogar vermögend werden: Knöpfe, Steckdosen, Kunst. Machen Sie sich bewusst: Die Idee, Kunst sei brotlos, stammt aus längst vergangenen Zeiten. Heutzutage wird sie durch Kulturpolitik und Lobbyisten in der Bildung und dem öffentlichen Bewusstsein weiter lebendig gehalten, doch das ist ein anderes Kapitel.

Deutschland hat zurzeit rund 3,9 Millionen Arbeitslose und mehrere Millionen Sozialhilfeempfänger. Viele von ihnen haben einen ordentlichen Beruf gelernt. Hätten wir keine sozialen Sicherungssysteme, wären sie alle »brotlos«. Wir haben keine rund vier Millionen brotlose Künstler. Zweifellos ist das

Leben vieler kreativer Freiberufler in materieller Hinsicht oft weniger komfortabel als in vielen anderen Berufen, und zwar trotz gleichem oder höherem Arbeitszeiteinsatz.

Doch was heißt eigentlich »von der eigenen Kreativität leben« beziehungsweise überhaupt von etwas »leben«? Für die meisten Menschen heißt es, ihren Lebensunterhalt von dem Lohn bestreiten, den sie für ihre Arbeit erhalten. Miete, Auto, Nahrungsmittel, Kleidung, Fernseher, Krankenversicherung, gelegentlicher Kinobesuch, Urlaub. Wenn man viel verdient, kann man sich verschiedene edle Konsumartikel leisten.

In der Wahrnehmung vieler Menschen ist Leben nicht unbedingt mit Arbeit und Geldverdienen verwoben. Arbeit und Freizeit sind zwei voneinander getrennte Welten: Die eine ist anstrengend, die andere sorgt für Zufriedenheit. Man braucht die erste, um die zweite finanzieren zu können. Unsere Vorstellung von Leben hat häufig eher etwas von »Überleben«, als würden wir noch in der Steppe unterwegs sein mit der Angst vor den Löwen im Genick. Fernsehen und Urlaub sind nur Drogen, an denen wir kauen, damit wir nicht nach der Nahrung »Glück« in der Arbeit suchen. Arbeit macht keinen Spaß, doch sie ist notwendig. Ich kenne kaum einen Künstler, der in den Urlaub fährt und sich nicht kreativ betätigt beziehungsweise nicht im Urlaub »arbeitet«.

Viele Menschen überleben in ihren Jobs, mit mehr oder weniger Konsum und dem Fernsehen, dem hypothekenbelasteten Haus oder einem ganzen Häuserblock, den sie kaufen. Oder sie denken: »So ist es, so war es immer schon, und so wird es auch immer bleiben.« In einer im ständigen Wandel begriffenen Welt hat der Ausdruck »so war es immer schon« keine Relevanz mehr. Stillstand ist unmöglich.

Trainieren Sie sich eventuelle alte Glaubenssätze ab. Sie stimmen nicht. Solange Sie auch nur daran zweifeln, dass man von der eigenen Kreativität leben kann, wird es Ihnen auch nicht gelingen!

Wir sind frei, das Leben neu zu definieren, wenn wir an uns glauben. Erinnern Sie sich an die erste Übung: »Wie will ich als Künstler leben?« Sie hätte auch heißen können: »Was erwarte ich vom Leben?« Kaum einer wird dabei auf seinen Zettel geschrieben haben: »Ich will mehr arbeiten, Miete zahlen, fernsehen und zwei Wochen Urlaub im Jahr machen.«

Sie lesen dieses Buch aus einem ganz bestimmten Grund. Sie spüren: Da muss mehr sein, es gibt mehr Wege als die ausgetretenen Pfade, auf denen so viele lustlos durchs Leben wandeln. Eine bange Frage drängt sich Ihnen Nacht für Nacht auf: »Soll das alles gewesen sein? Arbeiten, Kinder bekommen, das Haus abzahlen, alle zehn Jahre ein neues Auto kaufen und jedes Jahr einmal in Urlaub fahren? Mehr war da nicht? Das soll das Leben gewesen sein?«

Wenn Sie den Ruf der Kreativität in sich spüren, wollen Sie bestimmt mehr als nur überleben. Sie wollen sich ausdrücken, kommunizieren, sich selbst und die Welt entdecken und tiefer empfinden. Vielleicht wollen Sie sogar zur Vielfalt beitragen, die Kultur mitentwickeln, schöne Dinge erschaffen oder auf die Notwendigkeit hinweisen, hässliche Dinge neu zu gestalten. Sie möchten Leid mindern und Freude vermehren, auf welchem Weg auch immer. Sie können tausend Dinge wollen, ihnen allen liegt jedoch nur eine Ursache zugrunde: Sie wollen mehr als bisher Ihren Träumen folgen, wohin auch immer sie Sie hinführen mögen.

Kreativität sucht nach Transzendenz. Keiner braucht Kreativität für das biologische Überleben. Kreativität braucht man, um über den Tellerrand des Überlebenskampfs hinauszuschauen, um festzustellen, dass Frieden, Glück, Entspannung und Liebe nicht nur Alternativen zu Kampf und Konkurrenz, sondern dass sie das Leben an sich sind. Denn Kampf und Wettstreit neigen dazu, Tod und Reduzierung hervorzubringen, während Kreativität Vielfalt und Leben ist.

Leben heißt also, mehr als nur genug Geld zu verdienen. Wenn Sie von Ihrer eigenen Kreativität leben und dabei glücklich werden wollen, ist das eine der wichtigsten Voraussetzungen: Leben heißt kreativ sein, nach Glück streben, den Augenblick atmen und Lust am Prozess des Daseins haben. Leben kann auch heißen, etwas erschaffen, was die Welt bereichert, schöner, abwechslungsreicher, vielfältiger und sinnlicher macht. Dabei geht es nicht darum, irgendein Massenprodukt zu produzieren, sondern einen individuellen Ausdruck Ihres Denkens und Fühlens, ein einmaliges Werk.

Wenn Sie von Ihrer Kreativität leben wollen, ist eine Voraussetzung erforderlich: Sie müssen für Ihre Kreativität leben, sich ihr hingeben, sie abgöttisch lieben. Sie muss Ihre Lust, Ihr Wahn, Ihre Leidenschaft, Ihr Atmen, Ihr Traum, Ihr Ehrgeiz und Ihre Liebe sein. Dabei ist das, was Sie tun, nicht von Belang. Wenn Sie unter diesen Voraussetzungen Ihrer Berufung folgen, werden Sie jeden Beruf wählen können und ihn wie ein Künstler ausüben, statt einfach Ihre Pflicht zu erfüllen.

Wenn Sie zu dieser Hingabe bereit sind, leben Sie bereits wortwörtlich von Ihrer Kreativität. Sie leben nicht von Geld – damit bezahlen Sie das Notwendige fürs Überleben. Denn wenn Sie sich entschieden haben, von Ihrer Kreativität zu leben, tritt die Frage nach dem Geld in den Hintergrund. Die Frage nach der Leidenschaft hat Vorrang. Nach Ihrem Werk. Nach dem Leben. Geld hilft einem nur zu überleben. Sowohl der Arbeiter als auch der erfolgreiche Großunternehmer überleben – der eine etwas sparsamer, der andere im Luxus. Ob Sie leben, entscheiden Sie für sich jeden Tag neu und unabhängig von Ihrem Kontostand. Geld nährt nicht die Seele.

Kreativ tätig zu sein, von der eigenen Kreativität zu leben nährt die Seele, und wenn die Seele Nahrung bekommt, leben Sie. Dann leben Sie von Ihrer Kreativität. Ich kenne weit mehr materiell bescheiden lebende kreative Menschen, die glücklich sind und deren Augen vor Leidenschaft leuchten, als vermögende Kreative, die Glück und Lebenslust ausstrahlen.

Dieses Buch richtet sich nicht an Menschen, die sich der Kreativität verschreiben wollen, um Geld zu verdienen, sondern an diejenigen, die voller Leidenschaft von ihrer eigenen Kreativität leben wollen. Marketing kann man auch betreiben, ohne sich allzu sehr emotional zu engagieren. Vieles ist sogar einfacher, wenn die Motivation schlicht Geld ist. Aber in einem solchen Fall wäre es besser, wenn Sie etwas anderes machen würden: beispielsweise Knöpfe verkaufen, mit Aktien handeln oder Dienstleistungen anbieten. Die Chance, mit solchen Tätigkeiten zügig an Geld zu kommen, sind erheblich besser, als wenn Sie Ihre Kreativität ausleben – es sei denn, Sie sind ein Genie, aber dann wären Sie besessen.

Ein Mensch kann es in einer Sache nur zur Meisterschaft bringen, wenn er sie liebt. Technische Perfektion kann man mit Willen, Ehrgeiz oder dem Wunsch, viel Geld zu verdienen, erlangen. Mit Liebe zur Berufung aber werden Sie weiterkommen – unabhängig davon, ob Sie eine künstlerische Tätigkeit ausüben oder Knöpfe verkaufen. Um Erfolg zu haben, müssen

Sie sich hingeben. Ohne Hingabe, ohne Liebe zur Sache ist es kaum möglich, erfolgreich zu sein. Hingabe kann man nur bedingt erlernen. Sie kommt ganz von alleine zustande, wenn sie erkennen, wozu Sie sich berufen fühlen. Die eigentliche Aufgabe besteht darin, sich selbst zu erkennen. Der Rest ist nur ein Spiel.

Der Berufene nimmt Entbehrungen in Kauf. Wenn Sie nicht bereit sind, auf einige Annehmlichkeiten zu verzichten, dann sehen Sie lieber von der künstlerischen Laufbahn ab. Denn sie wird Zeiten materiellen Mangels und der Entbehrung mit sich bringen. Aber was sind schon Entbehrungen, wenn man voller Hingabe und Liebe ist? Würden Sie einen geliebten, schwer kranken Menschen fallenlassen? Keiner von uns würde das tun.

Liebe gilt in guten wie in schlechten Zeiten. Wenn Sie Ihre Kreativität lieben, würden Sie sie fallenlassen, wenn schwere Zeiten anbrechen? Alle kreativen Menschen geraten unvermeidlich in eine Krisensituation. Sie werden alles in Frage stellen, Sie werden zweifeln, an sich selbst, an Ihrer Kreativität, an Ihrem Mut. Niemand wird Ihnen helfen oder Ihre Entscheidungen abnehmen können. Wenn Sie Fehler machen, sind es Ihre Fehler, nicht die der Kollegen, des Chefs oder der Politik. Sie brauchen Kraft, um diese Verantwortung zu übernehmen. Doch wenn Sie Ihre Ängste und Zweifel überwinden, werden Sie weiterkommen. Sie werden lernen: Das ist das Leben. Wer die Angst nicht kennt, kann nicht wahrhaft mutig sein. Mut haben heißt, die Angst zu besiegen.

Wenn Sie sich von Ihrer Kreativität berufen fühlen, wird keine Angst dieser Welt Ihnen diese Leidenschaft austreiben können. Sie wird Wandlungen und Anpassungen erfahren, aber sie wird eher mächtiger aus jeder Krise hervorgehen. So wie uns jede überwundene Krise stärkt. Es liegt ausschließlich an uns, wie wir die Dinge angehen.

Wenn Sie nicht vor Leidenschaft und Hingabe brennen, werden Sie andere nicht begeistern können. Wenn Sie das Feuer in sich spüren, werden Sie mich verstehen, wenn ich auf die Frage: »Kann man von der eigenen Kreativität leben?« antworte: »Ich kann mir nicht vorstellen, dass man von etwas anderem leben kann.«

Leidenschaft, Liebe, Hingabe, Ausdauer und Mut sind die besten Marketinggrundlagen, die es gibt. Sie machen Ihr Marketing authentisch – und die Menschen sehnen sich nach Wahrhaftigkeit.

Wie wird man Künstler?

Ich habe kaum einen Menschen kennengelernt, der nach irgendeinem Job gesucht und einen künstlerischen Beruf ergriffen hat – nach dem Motto: Nach der Schule fragte ich mich, welchen Beruf ich erlernen sollte, und ich beschloss, »expressionistischer Maler« zu werden. Oder: »Mein Vater empfahl mir, Balletttänzer zu werden, und ich befolgte seinen Rat.« In Filmen über Künstler und ihr Leben gleicht das Bekenntnis zur Kunst oft einer Geburt. Es ist schmerzhaft, dem bisherigen Leben den Rücken zu kehren, und man hat keine Ahnung, wo genau man hineingeboren wird.

Künstler zu sein ist keine freie Entscheidung – es ist ein »Müssen«. Natürlich gibt es Menschen, die nach dem Schulabschluss die Aufnahmeprüfung an einer Kunstakademie bestehen,

Kunst studieren und den Beruf des Künstlers erwählen. Sie stellen jedoch nur einen verhältnismäßig kleinen Anteil der kreativ Schaffenden dar. An den Akademien für Kunst, Musik und Tanz bewerben sich Zigtausende junger Talente um einen der wenigen begehrten Studienplätze. Von den Unzähligen, die nicht angenommen werden, schlagen die wenigsten eine künstlerische Laufbahn ein, einige werden aber überaus erfolgreiche Künstler.

Vielen akademisch ausgebildeten Künstlern gelingt es nach ihrer Ausbildung nicht, von ihrer Kreativität zu leben. Sie sind zwar in hohem Maße gegenüber freien Künstlern ohne staatliche Ausbildung privilegiert, jedoch ob jemand wirklich zum Künstler berufen ist, entscheidet häufiger das Leben als ein Studium. Keine Akademie der Welt prüft, wie viel Herzblut Sie für die Kunst zu geben vermögen. So werden manchmal zwar technisch brillante und künstlerisch höchst begabte Menschen herangezogen, die jedoch keine Opfer für ihre Kreativität zu bringen bereit sind. Das sollte eine Ermunterung für alle sein, die keine traditionelle Ausbildung genossen haben.

Üblicherweise verläuft der Werdegang eines Künstlers folgendermaßen: Durch die Irrungen und Wirrungen des Lebens, durch vermeintlichen Zufall, durch eine Tante oder die Schule, durch Wut oder Liebe findet man irgendwann im Leben zu einer künstlerischen Ausdrucksweise, die man für sich erprobt. Man malt ein wenig. Man tanzt gerne voller Lust vor dem Spiegel in der Disco oder im Tanzkurs. Man macht das erst mal aus dem Bauch heraus, als Experiment. Aus Langeweile oder aus Lebenslust. Doch irgendwann wird daraus ein Hobby. Man lernt dazu, verbessert sein Können. Manchmal hat man das Glück, Menschen kennenzulernen, die das Gleiche können oder man erfährt von ihnen, dass man auch von dieser Tätigkeit leben kann. Schließlich kreist das ganze Denken immer intensiver um das Thema der eigenen Wahl. Bei vielen wird es zu einer Art Besessenheit oder Sucht: Sie können nichts anderes mehr tun, als ihrer kreativen Lust folgen, sonst werden sie krank im Herzen. Dann möchte man viel mehr Zeit seinem Hobby widmen als nur den Feierabend oder die Wochenenden. Man wägt ab, ob es möglich ist, den Job aufzugeben und das Hobby zum Beruf zu machen. Manchmal fängt man an, das Hobby als Nebenberuf auszuüben. Schließlich wird das Hobby zum Mittelpunkt des Lebens. Die meisten kreativen Menschen wachsen in ihren Beruf hinein. Oft sind die Kenntnisse, die sie während ihrer Ausbildung erwerben, sogar nur der krönende Abschluss ihres Weges.

Doch natürlich geht es auch anders, denn wer weiß mit fünfzehn oder achtzehn Jahren schon genau, was sein Herz unbedingt und gegen alle möglichen Bedenken der Vernunft möchte und entscheidet sich für eine kreative Tätigkeit? Ich möchte hier all jenen Mut zusprechen, die nicht das Privileg einer »ordentlichen« Ausbildung genossen haben. Es gibt tausend andere Wege, von Ihrer Kreativität zu leben. Eine Ausbildung ist nicht unbedingt die Voraussetzung für eine erfolgreiche Karriere!

Wenn Sie überlegen, ob Sie den Weg der Kreativen einschlagen und Literat, Maler oder Musiker oder vielleicht doch lieber Arzt, Manager oder Lehrer werden wollen, kann ich nur raten: Wenn Sie die Wahl haben, lassen Sie es mit der Kunst bleiben! Wenn Sie es nicht bleibenlassen können, haben Sie auch keine Wahl! Sie sind berufen. Ein Zeichen der Berufung ist es, dass man keine Wahl hat. Man muss es einfach tun, selbst wenn es einem widersinnig oder wenig ertragreich erscheint. Wenn Ihr Herz für die Kunst schlägt, dann ist Ihr Kopf nur der Betrachter des Szenarios. Er hat keine Chance, steuernd einzugreifen.

Es gibt leichtere Arten, Geld zu verdienen, als in vielen kreativen Berufen. Vielleicht mögen Sie ja doch lieber nach Feierabend oder am Wochenende Ihr Hobby weiterpflegen. Künstler zu sein ist ein nicht zu unterschätzendes Abenteuer. Sie sollten lieber eine andere Berufswahl treffen, wenn Sie vorhaben, in kurzer Zeit mit wenig Arbeit reich und berühmt zu werden. Ohne Arbeit und Entbehrung klappt es bei den wenigsten! Doch wenn Sie bereit sind, Ihren gut bezahlten Job aufzugeben, um dem Ruf Ihrer Kreativität zu folgen, dann haben Sie keine Wahl. Sie werden vor Mut und Lebenslust platzen. Sie müssen sich nur ganz und gar Ihrer Kreativität, dem Leben hingeben. Ob es mit der Künstlerkarriere dann doch nicht klappt oder ob Sie ein Stern am Künstlerfirmament werden: Es wird auf jeden Fall ein Abenteuer. Vertrauen Sie darauf. Wenn Sie Ihre Berufung erkennen und ihr folgen, dann wird es wild!

Die Vorteile einer geregelten Ausbildung im Bereich Ihrer kreativen Begabungen sind eindeutig. Echte Nachteile gibt es nicht, nur Relativierungen. Eine Ausbildung ermöglicht Ihnen, künstlerische Techniken zu erlernen, zu vertiefen und anzuwenden. Sie können sich mit Gleichgesinnten austauschen und mit etwas Glück Praktikern bei der Arbeit zuschauen und von ihrer Erfahrung profitieren. Der größte Vorteil einer Lehre oder einer abgeschlossenen universitären Ausbildung ist die Tatsache, dass Sie eine bei weitem größere Chance haben, in den Genuss von staatlichen Fördermitteln und vieler Institutionen zu kommen oder eine Anstellung beim Staat zu erhalten. Denn nach wie vor wird in Deutschland jemandem, der ein Diplom, ein Magisterexamen oder eine Promotion abgelegt hat, mehr zugetraut als jemandem ohne Abschluss, auch wenn er noch so talentiert ist. In Amerika hingegen fragt man eher nach Leistungen als nach einem akademischen Abschluss.

Das Examen an einer Kunstakademie, an einer Hochschule für Tanz oder ein abgeschlossenes Musikstudium ist eine Art goldene Visitenkarte des zukünftigen Künstlers. Sie machen einen nicht reich, berühmt oder glücklich. Aber sie sind zweifellos hervorragende Türöffner, wenn man sie zu nutzen weiß! Das bekommen hauptsächlich jene Künstler zu spüren, die den akademischen Weg nicht einschlagen konnten oder wollten: Sehr viele Türen bleiben ihnen, unabhängig von der Qualität ihres Schaffens, verschlossen. Während ein Freischaffender zur Realisierung eines Projekts mindestens ein Jahr in Vorleistung treten muss, können Akademiker oft drei Jahre lang mit Festgehalt forschen, recherchieren und schreiben.

Zudem erteilt der Staat unter bestimmten Voraussetzungen eine finanzielle Unterstützung für die Ausbildung. Das ist eine wunderbare Option, denn Bildung ist teuer. Wenn Sie sich auf dem freien Markt weiterbilden, bezahlen Sie Wissen mit barer Münze. Meines Erachtens sind die auf dem freien Markt erworbenen Kenntnisse sehr viel konstruktiver, praktischer, realitätsnäher.

Ausbildungs- und Studienplätze sind in allen kreativen Bereichen wirklich heiß begehrt. An manch einer Akademie kommen auf dreißig bis fünfzig freie Studienplätze dreihundert bis tausend Bewerber. Die Auswahlverfahren geraten bisweilen zu Bewerbungsmarathons, und nur wenige Glückliche schaffen es. Doch es gibt Trost sowohl für die, die sich an einer Akademie bewerben wollen, als auch für diejenigen, die abgewiesen worden sind.

Es gibt nämlich Schulungen, Ausbildungen und Kurse für die Bewerbungen an den Akademien jeglicher Ausrichtung. Diese bereiten Sie auf die Anforderungen einer Bewerbung und Prüfung vor. Sie steigern Ihre Chancen, wenn Sie diese Möglichkeiten nutzen. Oft stellen sich auch erfolgreiche Studenten Ihres Wunschfachs zur Verfügung und verraten in Kursen oder Einzelberatungen, wie Ihre Bewerbung aussehen sollte, damit Sie ins Auswahlverfahren gelangen. Entscheidender als die »Richtlinien«, die ein Bewerber erfüllen sollte, ist oft der Geschmack der Prüfer. Die erwähnten Helfer geben gern Auskunft über die Anforderungen einzelner Akademien.

Es sollte jedem jungen Künstler klar sein, dass ein solches Auswahlverfahren sich nur bedingt an künstlerischen Qualitäten orientiert. Ob in Ihrem Herzen der Wunsch nach Kreativität wie ein Weltenfeuer brennt oder Sie es mal eben probieren wollen, weil ein Kunststudium Ihnen hip erscheint, kann ein Dozent kaum überprüfen. So kommt es, dass man oft akademisch ausgebildeten Künstlern begegnet, die handwerklich perfekt, jedoch ohne die geringste Spur von Feuer im Herzen sind, während potenzielle Genies mit Power nicht die geringste Chance haben, einen Ausbildungsplatz zu bekommen.

Das trifft auf fast alle Berufe zu. Ob Sie zum Beispiel das Zeug zu einem großen Heiler haben, spielt keine Rolle. Sie müssen die Aufnahmeprüfung schaffen, um Medizin zu studieren! Bestimmt gibt es viele Automechaniker, die über eine größere

Kombinationsgabe verfügen als so mancher Arzt, aber denen es einfach an Bildung oder Mut für die Prüfung fehlte. Und es gibt viele (gute) Ärzte, die lieber schreinern oder Konzerte geben würden, aber die von ihren Eltern und der Umwelt in die akademische Laufbahn gedrängt wurden und sich nicht trauen, ihrer wahren Berufung zu folgen.

Vielleicht haben Anwärter auf Lehrstellen kreativer Berufe bessere Chancen, einen Ausbildungsplatz zu bekommen. Zwar ist auch auf diesem Gebiet der Andrang groß, und natürlich sieben die Firmen die Bewerbungen nach den Schulzeugnissen. Doch wenn Sie mit Begeisterung, Offenheit und einem gewissen Ehrgeiz auftreten und Arbeitsproben erster kreativer Experimente vorlegen können, wird ein Personalchef möglicherweise über Ihren Bildungsweg hinwegsehen, wenn er das Feuer der Begeisterung in Ihnen erkennen kann. Ein Meister, der sehr eng mit Ihnen zusammenzuarbeiten gedenkt und Sie persönlich entlohnt, sucht nämlich in der Regel sehr »erdverbunden« nach einer fähigen Hilfskraft, einem Mitarbeiter oder gar einem Nachfolger, die seinen Ruf und den des Unternehmens fördern. Ein Hochschullehrer muss Sie weder bezahlen noch fügt es ihm Schaden zu, wenn Sie es nicht schaffen. Wenn er nämlich keinen persönlichen Ehrgeiz entwickelt, ist der Weg seiner Schüler nur bedingt von Belang für seine Lehre. Ich bin vielen Menschen begegnet, die mit ihrer Begeisterung und nicht mit ihrem Zeugnis einen Lehrplatz erobern konnten.

Ein Studien- oder Lehrplatz ist also keine existenzielle Voraussetzung für ein Leben als Künstler. Ein Studien- oder Lehrplatz ist zwar sehr hilfreich und verschafft einem viele Vorteile, doch er ist nicht zwingend notwendig. Die meisten Künstler, die ich kennengelernt habe, haben ihren Beruf sowohl als Autodidakten als auch in Weiterbildungen auf dem freien Markt erlernt.

Es ist manchmal sogar von Vorteil, nicht den akademischen Weg zu beschreiten. Ich habe mehrfach festgestellt, dass Akademiekünstler kaum erfolgreicher sind als freie Künstler. So sind viele Studienabgänger im Nachhinein oft darüber geschockt, wie wenig »Marktposition« ihnen das Studium verschafft. Auch arbeitet der von Hochschullehrern ausgebildete Künstler oft spirituell abstrakter als viele freie Künstler: Ihr Werk erschließt sich meist nur Sammlern und Akademikern, Kunsthistorikern und speziell Interessierten. Akademiker arbeiten seltener für »die breite Masse« als vielmehr für eine intellektuelle Elite. Ihre Kunstprodukte sind oft für Museen und Wettbewerbe geeigneter als für Wohnzimmer und Arztpraxen. Meines Erachtens ist sie häufiger Selbstzweck und Selbstdarstellung und bewegt sich – im Gegensatz zu der Arbeit nicht akademisch ausgebildeter Künstler – vorwiegend in einem fiktiven Raum, in einer akademischen Matrix.

Auffällig ist jedenfalls, dass sich viele von den zigtausend jungen Menschen, die in Deutschland ihr Studium abbrechen, selbstständig machen, und dass der Anteil der Erfolgreichen unter diesen ausgesprochen hoch ist. Auch ich habe mein Studium abgebrochen – und dennoch habe ich bereits vierzehn Bücher veröffentlicht. Wenn einem ein einmal eingeschlagener Weg nicht mehr richtig erscheint, dann hat es nichts mit schwachem Charakter oder mangelndem Mut zu tun. Fühlen Sie sich frei, so lange zu suchen, bis Sie sich selbst gefunden haben!

In zahlreichen Gesprächen mit promovierten Akademikern habe ich erfahren, dass diese nach Abschluss ihres Studiums den Kontakt mit der Arbeitswelt als »Schock« wahrgenommen haben. Sie fühlten sich sehr verunsichert, da sie das Gefühl hatten, den Erfordernissen des Marktes nicht gewachsen zu sein. Viele betonten, das wichtigere Wissen hätten sie im Beruf und nicht an der Uni erlernt. Von einer universitären Ausbildung erhoffen wir uns leider zu viel. Mit akademischem Grad versehen und in die Arbeitswelt entlassen, fühlen wir uns nicht in der Lage, mit den Realitäten des Marktes fertigzuwerden. Die enormen Defizite unseres Bildungssystems treten offen zutage. Vor ein paar Jahren hätte man mich wegen einer solchen Äußerung als anmaßend oder neidisch abgestempelt, doch nach PISA und der letzten OECD-Studie steht fest: Es muss etwas getan werden, Deutschland steht hinsichtlich Bildung ganz schlecht da.

Die wahre Lehre beginnt erst nach dem Studium (und sie sollte auch nie enden). Meistens werden Erfahrungen im Beruf und nicht im Studium gesammelt. Die Art, wie wir sie erwerben und sie auswerten, macht uns zu dem, was wir sind. In keinem Beruf der Welt ist ein guter Studienabschluss der letztgültige Beweis für berufliche Kompetenz. Um Missverständnissen vorzubeugen: Einerseits kann so mancher vielversprechende, zart besaitete Mensch voller beseelter Kreativität an der Starrheit seiner Dozenten oder an der Ausbildung zerbrechen. Andererseits kann ein hoch begabter Mensch sein volles Potenzial auch gerade durch ein Studium zur Entfaltung bringen. Wenn Sie die Aussicht auf einen Ausbildungsplatz haben, dann machen Sie davon Gebrauch! Wenn Sie diese Option trotz engagierter Bemühungen nicht bekommen, dann lassen Sie sich nicht entmutigen. Das Leben hat etwas anderes mit Ihnen vor.

Lernen geschieht durch Tun.

Qualifikation erreichen Sie durch Erfahrung.

Erfahrungen sammeln Sie durch Tun.

Der Ausbildungsweg auf dem freien Markt mag zwar härter und teurer erscheinen – er ist jedoch meistens praxisnäher.

Die vier Säulen
und das
»Networking«

Im Zentrum des Hauses des Erfolgs stehen vier Säulen, vier Prinzipien, die Ihnen helfen können, sich beruflich zu etablieren und Ihren Weg mit Erfolg zu gehen. Viele Marketingautoren und Berater sind der Meinung, dass es ohne diese Prinzipien nicht gelingen kann, von der eigenen Kreativität zu leben. Gutes Marketing unter Zuhilfenahme einer einzigen Säule reicht schon aus, um Erfolg zu haben. Die Umsetzung der Säule muss nur konsequent mit den verschiedenen Techniken des Marketings publik gemacht werden.

Die vier Säulen auf dem Weg zum Erfolg:

1. Seien Sie anders als Ihre Mitbewerber.
2. Seien Sie schneller als die anderen.
3. Seien Sie wiedererkennbar.
4. Beschränken Sie sich auf das Wesentliche.

Grundsätzlich gelten diese Säulen für alle Berufe, alle Gewerbe, alle Produkte. Allerdings wirken sie ohne die Tricks und Kniffe des Marketings nicht oder erst nach Jahren beziehungsweise Jahrzehnten. Das heißt, Sie können all diese Säulen perfekt in Ihrem Leben, in Ihrer Arbeit zum Ausdruck bringen, und es funktioniert nicht – Sie können nicht von Ihrer Kreativität leben. Wenn Sie jedoch diese Säulen nutzen und mit gutem Marketing kombinieren, potenzieren Sie Ihre Chancen.

Warum diese Säulen? Es gibt unzählige kreative Menschen in allen Berufssparten, die hervorragende Arbeit leisten. All diese Menschen werben um den Kunden, der seine Aufmerksamkeit und sein Geld möglichst dem jeweiligen Werber widmen soll. Leider kommen auf einen Kunden mehrere Werber. Es stellt sich die Frage: Wie können Sie es bewerkstelligen, dass er gerade Ihnen seine Aufmerksamkeit schenkt? Es reicht nicht, einfach nur gut zu sein, denn das sind auch tausend andere kreative Menschen, die um diesen Kunden werben. Den Kunden gibt es aber nur einmal. Es genügt auch nicht, besser zu sein. Denn besser sind immer Dutzende, und was gut, schlecht oder am besten ist, entscheidet letztendlich der Geschmack. Also sollten Sie sich etwas einfallen lassen, damit die Aufmerksamkeit dieses Kunden auf Sie statt auf die tausend anderen fällt. Nutzen Sie darum die erste Säule.

Seien Sie anders als Ihre Mitbewerber

Wenn der Kunde an tausend schönen Bildern vorbeigeht, die alle ähnlich aussehen, dann wird es ihm bald langweilig. Doch plötzlich taucht ein Bild auf, das völlig anders ist. Seine Aufmerksamkeit ist gefesselt, und Sie haben ihn als Kunden gewonnen!

☞ **Wenn Sie auffallen wollen, empfiehlt es sich, etwas zu tun, was noch niemand bisher getan hat.**

Vorletztes Jahr haben ein paar Künstler in Norddeutschland ein Brot gebacken, das rund 500 Kilogramm wog, und es dann mit einem Riesenkatapult durch die Gegend geworfen. Geld für diese Aktion bekamen die Künstler von der Stadt. Darüber hat sogar Spiegel Online berichtet.

Viele Menschen fragen sich natürlich, wie es sein kann, dass kein Geld für einen allein erziehenden Elternteil mit drei Kindern vorhanden ist, während Künstler auf Kosten der Allgemeinheit Brot durch die Medienwelt werfen. Sie wollten auffallen, denn bisher hatte noch niemand 500 Kilogramm Brot durch die Gegend katapultiert. Joseph Beuys hatte wohl Fett an eine Wand geklebt und sich etwas dabei gedacht – heißt es. Die jungen Kunstfreaks im Norden der Republik haben offen zugegeben, ihr Happening habe keinen tieferen Sinn gehabt, es sei lediglich um die Medienwirkung gegangen.

Picasso ist berühmt geworden und hat seinen Marktwert gesteigert, weil er aufgefallen ist und Menschen in seinen Bann gezogen hat. Seine Bilder unterscheiden sich von der bisherigen Malerei. Seine Porträts zeigen Mund, Augen, Ohren und Nase auf einer Ansichtsebene. Picasso konnte fabelhaft zeichnen. Doch als er aufhörte, sich eine Riesenmühe zu geben, wurde er erst recht berühmt.

Mona Lisa war nicht besonders hübsch, aber ihr Porträt war anders als die sonstigen perfekten Porträts seiner Zeit. Leonardo da Vinci hat sie lächelnd gemalt, mit einer ganz individuellen Ausstrahlung. Das war noch nie geschehen. Keith Haring war nicht besonders talentiert oder besser als andere. Er war eben anders. Alle haben »Crash Boom Bang«-Graffitis mit coolen Sprüchen, coolen Typen und drallen Frauen an die Wände gesprayt. Haring sprayte simple Strichmännchen in einer »Malen-nach-Zahlen-Technik«. Er wurde entdeckt, weil er anders war. Seine Strichmännchen waren ein Novum.

Und Helge Schneider? Der Mann ist ein begabter Jazzmusiker. Doch es gibt Tausende hochbegabter Jazzer. Als er begann, auf eine Frage hin »Jooo, öööh, nööö, öööööh, ääh wie äh? Tjaha, so war das!« zu antworten und er das Klo seiner Katze besang, wurde er ein Star. Niemand hatte bislang Journalisten, den guten Geschmack und sich selbst so bloßgestellt, wie er es tat.

Sie alle haben die erste Säule des Erfolgs erkannt und konsequent genutzt: Sie haben einen Stil öffentlich begründet, den bisher noch kein anderer Künstler vertreten hatte. Fliegendes Brot gibt es in jeder Bäckerei, Fett in der Ecke in manch einem Haus, Nasen quer im Gesicht haben schon die alten Griechen gemalt, grinsende Frauen hat es schon immer gegeben, Strichmännchen ebenso, Menschen mit Artikulationsstörungen auch. Aber nie wurde so etwas als »Kunst« öffentlich gemacht und stilisiert.

Eine Idee wird meiner Erfahrung nach immer gleichzeitig an mehreren Orten der Welt in mehreren Köpfen geboren. Musiker erleben dies oft im Zusammenspiel mit anderen Musikern, in improvisierten Sessions, in denen plötzlich alle Musiker eine nicht geplante Änderung spielen. Wissenschaftler veröffentlichen oft unter extremem Zeitdruck neue Erkenntnisse und Theorien in ihren Fachpublikationen, selbst wenn die Entdeckungen noch nicht ganz ausgereift sind. Es gilt, den ständigen Wettlauf, der Erste zu sein, zu gewinnen.

Meines Erachtens ist die Idee, man müsse unbedingt etwas Neues schaffen, fragwürdig. Kein noch so brillanter Geist wird in unserer übervölkerten Welt die Übersicht behalten, welche Idee es schon gab und welche neu ist. Längst nicht alle Ideen werden in Katalogen rund um die Welt publiziert. Wer kommt mir denn auf die Schliche, wenn ich den Malstil der Ureinwohner aus Borneos Urwald abkupfere? Erfolgreiche Designer tummeln sich gern auf Vernissagen junger Künstler, um Inspirationen zu bekommen. Picasso ließ sich von der griechischen und afrikanischen Malerei inspirieren. Hundertwasser hat gemalt, wie Gaudí gebaut hat, und Gaudí hat seine Inspirationen den alten Kulturen entlehnt. A. R. Penck hat Strichmännchen gemalt, wie sie Jahrtausende zuvor auf Höhlenwänden gekritzelt wurden. Alle Kinder kritzeln solche Männchen. Penck malte sie auf große Leinwände und wurde weltberühmt. Vor ihm ist niemand auf die freche Idee gekommen, Höhlen- und Strichmännchen als teure Kunst zu verkaufen.

Verzichten Sie auf die Bezeichnungen »neu« und »einzigartig«. Nichts ist neu auf dieser Welt. Jedes Mal, wenn ein neuer James-Bond-Film ins Kino kommt, versichert die Medienmaschinerie, man werde mit neuen Effekten konfrontiert. Was soll daran neu sein? Bond-Filme bieten immer nur Variationen dessen, was ein einziges Mal neu war. Das Wort »neu« ist einer der großen Umsatzfaktoren. Wenn auf einer Verpackung »neu« steht, interessieren sich mehr Menschen für ein Produkt – das wurde genau erforscht.

Das vermeintlich Neue fasziniert nur noch, wenn es anders präsentiert wird, oder wenn es etwas Althergebrachtes, wie dämliches Gestammel, von Leuten wie Helge Schneider stilisiert wird. Oder wenn ein Zeichner-As wie Picasso plötzlich griechische Profile malt. Ob es neu ist, spielt keine Rolle. Es muss anders sein als das, was bisher das Augenmerk auf sich zog. Und selbst wenn Sie so etwas wie Strichmännchen oder fliegende Brote der Öffentlichkeit präsentieren ...

Sie sollten versuchen, Ihre Andersartigkeit möglichst schnell bekanntzumachen. Denn es werden sehr bald andere kommen, die das Gleiche wie Sie tun. Das, was sie machen, ist ja meist nichts wirklich Neues. Täglich denken überall auf der Welt Millionen kreativer Menschen darüber nach, wie sie etwas so verpacken können, damit es von der Weltöffentlichkeit als andersartig wahrgenommen wird. Wenn Sie eher bekannt werden als die Kollegen mit der gleichen »neuartigen« Idee, wird man die anderen immer für Ihre Nachahmer halten, auch wenn sie, ohne Ihre Arbeit zu kennen, zur gleichen Zeit auf dieselbe Idee gekommen sind. Sie werden bekannt – unter der Voraussetzung eines guten Marketings.

Als ich mein erstes Erfolgsbuch schrieb – ein Buch über das australische Didgeridoo –, wusste ich, dass sich weitere sechs oder sieben kreative Menschen mit diesem Thema befassten. Darum habe ich mir die Prinzipien der beiden ersten Säulen zunutze gemacht: Ich war zum einen anders als meine Kollegen (umfassender, ganzheitlicher, bildreicher, informativer, preisgünstiger) und zum anderen schneller.

Wolfgang Saus hat ein Lehrbuch über Obertonsingen in meinem Verlag veröffentlicht. Mit seiner Methode lernt man hervorragend Obertongesang. Es gibt viele Obertonlehrer, die mehr oder weniger erfolgreich Obertonsingen lehren. Vielleicht gibt es sogar Menschen, die auf die gleiche Weise wie er unterrichten. Doch nach der Veröffentlichung des Buches ist die von ihm dargelegte Methodik als die »Drei-Stufen-Technik« von Wolfgang Saus in die Musikgeschichte eingegangen. Er war anders und schneller als die anderen.

Das vorliegende Buch habe ich zwar nicht besonders schnell niedergeschrieben. Aber es ist anders. Natürlich beinhaltet es nichts wirklich Neues, aber ich habe es gewagt, philosophisch-spirituelle Herangehensweisen auf einen Bereich zu übertragen und auf eine Weise miteinander zu verknüpfen, wie es bisher noch nicht geschehen ist. Wer ebenfalls ein Fünf-Stufen-Modell des Erfolgs vorstellt, macht sich des Plagiats und der Urheberrechtsverletzung strafbar. Wer Strichfiguren wie Penck und Strichmännchen wie Haring malt, wird als Plagiator bezeichnet, selbst wenn er keine Ahnung von der Existenz der beiden Künstler hat.

Von zentraler Bedeutung für den langfristigen Erfolg im ganzheitlichen Sinn ist die Umsetzung der dritten Säule.

Seien Sie wiedererkennbar

Nehmen wir einmal an, dass Sie einen Kunden durch Ihre Andersartigkeit auf sich aufmerksam gemacht haben, es aber noch nicht zu einer Kaufentscheidung kommt. Dieser Kunde sieht einen Monat später auf einer Party bei einem Freund ein neues Bild an der Wand hängen. Er erkennt sofort, dass es von Ihnen ist, denn es trägt Ihre charakteristische Handschrift. Das Bild ist dem ersten Werk, das der Kunde von Ihnen sah, sehr ähnlich. Schließlich macht besagter Mensch in einer großen Stadt einen Kurzurlaub. Er besucht eine Galerie und siehe da! – die Bilder, die er dort vorfindet, kennt er doch! Da hängen Werke von Ihnen. Jetzt sind Sie ihm ein Begriff, und er kauft ein Bild.

Wichtig ist stets der Wiedererkennungseffekt. Bilder von Hundertwasser erkennt jeder Kunstfreund. Figuren von Janosch sind ebenfalls allen vertraut. Die Musik von Dieter Bohlen klingt auf geradezu unheimliche Weise immer gleich, und dennoch ist jeder Song anders. Christo erkennt man wieder. Wer packt schon Häuser und Landschaften ein? Baselitz malt auf dem Kopf. Inzwischen mögen viele auf dem Kopf malen, aber sie gelten als Nachahmer, als Plagiatoren. Michael Jackson quiekt orgiastisch beim Singen, Mark Knopfler nuschelt, Herbert Grönemeyer klingt stets so, als könnte er nicht richtig singen, Xavier Naidoo singt, als habe er ständig Weltschmerz. Ich besitze keine CD von Naidoo, aber ich erkenne ihn, wenn er nur drei Zeilen singt. Günter Grass schreibt keine Actionromane, Michael Crichton hingegen schon. Schwarzenegger hat keine Liebesfilme gedreht, das ist nicht sein Genre. Wenn ich mir einen Hitchcock-Film anschaue, dann erwarte ich einen Gruseleffekt. Sein Stil ist wiedererkennbar.

Sind Sie ein Spitzenkoch? Dann werden Sie wohl kaum plötzlich Würstchen und Pommes frites im Restaurant anbieten, nachdem Sie sich zehn Jahre lang durch eine erlesene Küche ausgezeichnet haben. Man kann Sie an dem, was Sie tun, wiedererkennen.

Viele berühmte, erfolgreiche Künstler experimentieren nach einer gewissen Zeit einen neuen Stil oder einen anderen künstlerischen Bereich. Nur sehr wenigen gelingt es, mit dem neuen Stil oder im neuen Betätigungsfeld Erfolg zu haben. Vor zwanzig Jahren galt es noch als fast ausgeschlossen, mit Erfolg den Stil zu wechseln, heute hat sich die Perspektive ein wenig verschoben. Doch für einen Einsteiger ist es einfacher, sich auf dem Markt zu etablieren, wenn sein Schaffen wiedererkennbar ist.

Kennen Sie die kleinen, bunten Tierchen von Otmar Alt? Supersimpel, superverständlich, lebhaft, lustig – und unverwechselbar. Aus drei Gründen ist der Wiedererkennungseffekt wichtig:

a) Der Mensch ist ein Gewohnheitstier.
b) Der Mensch ist ein Prestigetier.
c) Der Mensch ist ein Sammlertier.

Um eine optimale Publikumsresonanz zu erzielen, müssen Sie eine gewisse Ausdauer an den Tag legen. Sie müssen Ihren Beruf über einen längeren Zeitraum ausüben, Ihre Produkte und Dienstleistungen konsequent und geduldig anbieten.

a) Es gibt Statistiken darüber, wie sich Menschen gegenüber dem Neuen verhalten, insbesondere gegenüber neuen Produkten und Dienstleistungen. Weniger als fünf Prozent der Bevölkerung sind bereit, neue Produkte und Ideen zu (be)nutzen. Eine größere Gruppe muss öfter mit einem neuen Produkt in Berührung kommen, erst dann weckt das Neue ihr Interesse und eventuell auch ihre Konsumlust. Dann kommt die breite Masse; sie kauft erst, wenn ein Produkt überall zu haben ist und alle es kaufen. Schließlich bleibt eine kleine Gruppe von Menschen übrig, die etwas nie oder erst dann kaufen, wenn es schon lange nicht mehr im Trend ist, sondern bereits zu einem Bestandteil unserer Kultur geworden ist.

Wenn man von seiner Kreativität leben möchte, ist man fast immer zumindest auf die zweite Gruppe angewiesen, das heißt auf die Menschen, die ein wenig Zeit für die Berührung mit dem Andersartigen, Neuen und Unbekannten benötigen. Wenn Sie Heilpraktiker sind und sich auf einer Gesundheitsmesse vorstellen, sehen die Menschen, dass Sie mit Akupunktur arbeiten. Die meisten werden nicht sofort zu Ihnen kommen, weil Sie sie noch nicht kennen. Wenn Sie ein Jahr später wieder auf der Messe sind und einen Stand haben, dann kommt der Wiedererkennungseffekt: Da ist ja der sympathische Mensch mit der Akupunktur. Doch was passiert, wenn Sie im zweiten Jahr statt Akupunktur Homöopathie anbieten? Unterbewusst werden die Menschen der zweiten Gruppe verwirrt sein. Im dritten Jahr schließlich tauchen Sie als Fußreflexzonenpraktiker auf. Es fällt den Menschen immer schwerer, zu bestimmen, was sie eigentlich von Ihnen halten sollen. Wenn Sie drei Jahre hintereinander als Akupunkteur auftauchen, macht sich der Gewöhnungsprozess bemerkbar, und man wird Sie wiedererkennen. Die Berührungsangst sinkt. Das nächste Mal werden sie mit ihrem Leiden zu Ihnen kommen.

Wenn sie heute ein Bild von Ihnen sehen oder Sie als Musiker erleben, werden sie Sie das nächste Jahr an Ihrer Malweise, an Ihrem charakteristischen Gitarrenriff wiedererkennen. Dann haben Sie weit bessere Chancen, sie für sich zu gewinnen.

Mehr Informationen zu dieser Säule finden Sie im Kapitel »Corporate Identity«.

b) Glauben Sie, Porsche würde seine Autos so gut verkaufen, wenn jedes Modell völlig anders aussähe? Leistung und Qualität wären identisch, doch die Karosserie eines Modells würde wie ein Mercedes aussehen, die des nächsten wie ein VW Golf und die eines anderen wie ein Volvo. Die Firma wäre wahrscheinlich bald pleite. Ein Porschefahrer kauft einen Porsche, weil er drei Wiedererkennungsmerkmale hat: Er ist schnell, er ist teuer, und er hat das typische Aussehen eines Porsche.

Wenn jemand ein Bild von Markus Lüpertz kauft, dann tut er es unter anderem, damit alle wohlhabenden Menschen seines sozialen Umfelds sofort erkennen, dass er einen echten Lüpertz hat.

Vielen Menschen ist es völlig gleichgültig, ob sie einen Mercedes, BMW oder Porsche fahren. Sie legen nur Wert darauf, dass man ihr Auto als teurer erkennt als den Wagen ihres Nachbarn oder ihrer Angestellten. Jedem, dem Autos etwas bedeuten, fällt auf, ob der Mercedes, der vor der Tür steht, 50 000 oder 150 000 Euro gekostet hat.

Wenn Sie ein stadtbekannter Künstler sind und Ihre Skulpturen im Durchschnitt je 3000 Euro kosten, dann wird das den Kunstinteressierten in Ihrer Gegend dank Ihrem Marketing bekannt sein. Bekommt ein Kunstfreund, der eine Ihrer Skulpturen gekauft hat, Besuch von einem Gleichgesinnten, so erwartet er eine Anerkennung der Art: »Wie schön, du hast eine Skulptur von dem Künstler Soundso gekauft!« Nicht geschätzt wird eine Reaktion wie: »Von wem ist denn die Skulptur?«

Das erlebe ich regelmäßig als Feng Shui-Berater. Ich komme zu Menschen ins Haus und finde dort Kunstgegenstände vor. Wenn ich frage, von wem die Bilder oder Skulpturen sind, sind sie oft beleidigt, weil ich weder den Künstler noch seine Arbeiten erkenne. Für diesen peinlichen Augenblick habe ich mir eine ganze Reihe von Künstlernamen zurechtgelegt, die ihre Werke erfolgreich im Bereich von 5000 bis

30 000 Euro verkaufen. Die Leute kennen ihre Namen nicht und sind dann ganz beruhigt, dass man nicht alle Künstler, und seien sie noch so berühmt, kennen kann.

c) Fast alle Menschen sammeln gern. Es liegt in der Natur der Sache, dass die gesammelten Gegenstände oder Erfahrungen inhaltlich etwas miteinander zu tun haben müssen.

Ein Modellauto, eine Malerei, ein Wagen und ein Buch sind noch keine Sammlung, jedoch sehr wohl zehn Überraschungsei-Gimmicks. Wenn jedoch das Modellauto, das Bild, der Wagen und das Buch alle mit einer Sportwagenmarke zu tun haben, dann handelt es sich um eine Sammlung.

Wenn jemand etwas von Ihnen kauft, dann wird er es wahrscheinlich auch ein zweites Mal tun. Dabei ist es ihm oft wichtig, dass beide Käufe Ihre Handschrift tragen.

Menschen sammeln auch Erlebnisse. Wenn ich ein Pink-Floyd-Konzert besuche, dann gehe ich wahrscheinlich in zehn Jahren wieder zu einem, denn die Jungs machen tolle Shows. Wenn aber Pink Floyd plötzlich ohne jeden Lichteffekt und mit nur mittelmäßiger Soundanlage touren würde, dann würde der Besucherstrom nachlassen. Die Menschen wollen etwas noch einmal erleben, was ihnen gefallen hat. Das ist der Wiedererkennungseffekt.

Beschränken Sie sich auf das Wesentliche

Wenn Sie möchten, dass die Menschen Sie an Ihrem Werk erkennen, sollten Sie nicht mit mehreren Stilrichtungen kreativen Schaffens an die Öffentlichkeit treten. Ein Spitzenkoch bietet keine Pommes frites mit Currywurst neben seinen Nouvelle-Cuisine-Schöpfungen an. Ein Stil, eine Technik, eine Ausdrucksweise, eine Art aufzutreten reichen völlig aus. Diese Beschränkung hat zwei Vorteile: Sie sind leichter wiederzuerkennen, und Sie können Ihre Kraft und Ihr Schaffen auf einen Schwerpunkt konzentrieren. Sie arbeiten effektiver, und Ihre Arbeit wird bald mehr Tiefe zeigen.

Eine Farbberaterin, bei der ich gelernt habe, erzählte mir, dass sie in ihrer Jugend überlegte: »Es gibt so viele schöne Dinge, doch wenn ich wirklich gut sein möchte, muss ich mich auf ein Thema konzentrieren.« Nun beschäftigt sie sich seit über zwanzig Jahren nahezu ausschließlich mit Farben. Das hat dazu geführt, dass sie Dinge über Farben und ihre Wirkungen weiß, die einem den Atem rauben. Sie ist eine viel gefragte Expertin, eine Hohepriesterin der Farben geworden. Mittels Farbgestaltung vermag sie Restaurants zu füllen, die zuvor am Rande des Bankrotts standen. Mit neuen Farben hilft sie, Häuser zu verkaufen, und wenn Sie Ihre vier Farbkarten legen, kann sie Ihnen nicht erahnte Einblicke in Ihre Seele geben. Sie hat sicher auf vieles verzichtet, um sich diese Qualifikation zu erarbeiten, aber nun kennt sie ihren Wert, und der ist mit Geld nicht aufzuwiegen.

Es hat nur Vorteile, wenn Sie sich in Ihrer Tätigkeit, Ihrem Werk, Ihren Methoden auf das Wesentliche beschränken: Man kann Sie leichter wiedererkennen. Wie sollen die Menschen Sie erkennen, wenn Sie Maler, Musiker, Autor, Grafiker, Lehrer, Berater, Verleger und Vertriebsleiter in einem sind. Ich habe das jahrelang gelebt, aber es führt oft ins totale Chaos, zu extremer Überlastung. Das kann ich keinem zur Nachahmung empfehlen. Die Chance, wirklich berühmt zu werden, ist gleich null. Es ist besser, wenn Sie sich bewusst auf einen Bereich beschränken. Wenn Sie diversifizieren, können Sie wahrscheinlich vieles gut, aber nichts sehr gut.

In dem Augenblick, wo Sie Ihr Leben einem Hauptthema widmen, wird das Leben Sie mit Wissen, Möglichkeiten und Tiefe geradezu überschütten. Der Erfolg durch Beschränkung basiert auf dem Naturgesetz der Resonanz, auf das ich später noch zurückkommen werde: Wenn Sie sich auf das Wesentliche beschränken, bietet Ihnen dieser Bereich schon bald mehr, als Sie sich je erhofft haben.

Ein guter Heiler wendet eine oder zwei Methoden an. Seine Spezialisierung macht ihn für die Menschen wiedererkennbar. Ein guter Koch gibt jedem Gericht mit wenigen Gewürzen eine besondere Note. Einen neuen Song von Dieter Bohlen erkennt man sofort wieder, und man kann ihn deutlich von einem Rolling-Stones-Song unterscheiden. Einen Song von Udo Lindenberg erkenne ich im Radio. Doch ein Bild von ihm in einer Ausstellung erkenne ich nicht, denn das Wesentliche, für das Lindenberg steht, ist seine Musik.

Wenn Sie Heilpraktiker sind, werden Sie vielleicht im Lauf von fünf oder zehn Jahren mit Akupunkturbehandlungen bekannt. Erst nach diesem Zeitraum ist es ratsam, eine neue Heilmethode einzuführen. Sie können problemlos auch mit zwei oder vier Methoden starten. Wenn Sie allerdings mit zehn Heilmethoden starten, wird es die Wahrnehmung der Öffentlichkeit verwirren. Wenn Sie als Bildhauer, Maler, Videokünstler und Autor starten, wird es schwieriger für Ihr Publikum, zu erkennen, was Sie sind, was Sie können.

Die Umsetzung der dritten und vierten Säule setzt unbedingt voraus, dass Sie wissen, was Sie wollen. Sie haben ein klares

Ziel vor Augen, und Sie sind sich über Ihre Potenziale, Ihr Können oder das, was Sie in Zukunft unbedingt erreichen möchten, voll bewusst. Diese Attribute treffen auf die wenigsten jungen Künstler zu, die ich kennengelernt habe. Sie kristallisieren sich erst im Lauf ihrer Karriere heraus.

Die Beachtung der vier Säulen verschafft Ihnen kurz- bis langfristig die Grundlagen, die für ein erfolgreiches Marketing notwendig sind. Dennoch muss man realistischerweise einräumen, dass es nicht allen kreativen Menschen gelingt, auch nur eine der Säulen zu nutzen. Sind sie deswegen weniger kreativ? Sollte ihnen verwehrt sein, von ihrer eigenen Kreativität zu leben? Natürlich nicht. Es erfordert nur mehr energetischen Aufwand, ohne Beachtung der Säulen von der eigenen Kreativität zu leben. Doch Kreativität will von den meisten Menschen gelebt werden, weil sie sich selbst besser kennenlernen wollen, weil sie auf der Suche nach sich selbst sind. Wenn ich aber auf der Suche bin, und ich lasse mich von einem Galeristen unter Vertrag nehmen, der von mir verlangt, dass ich meinen Stil nicht verändern darf, was ist dann mit der Suche?

Wenn einer wie Stephen King als Autor von Thrillern berühmt ist, soll er auf ewig Thriller schreiben, nur damit er erfolgreich bleibt? King hat unter Pseudonym beeindruckende Bücher geschrieben, die nichts mit Thrillern zu tun haben. Er hat es sich nicht nehmen lassen, sich weiterzuentwickeln. Doch seinen berühmten Namen hat er erst einmal geschützt, indem er seine literarischen Passionen unter anderem Namen auslebte.

Als Einsteiger müssen Sie das nicht. Sie können sich einfach austoben. Wichtiger als das Streben nach Erfolg ist die Selbsterfahrung. Finden Sie erst heraus, wer Sie wirklich sind, und dann wird sich die vierte Säule von selbst herauskristallisieren.

Es gibt genügend kreative Menschen, die keinen einzelnen Schwerpunkt haben, sondern das tun, was ihnen gerade in den Sinn kommt, und zwar in dem Tempo, das ihnen beliebt. Sie legen keinen Wert darauf, die Ersten zu sein; sie sind nicht wiedererkennbar. Meiner Ansicht nach verhält sich mindestens die Hälfte der Kreativen auf diese Weise. Ich selbst habe etwa acht Jahre so gelebt und gearbeitet. Jeder kreative Job, der diesen »Säulenlosen« begegnet, wird angenommen und ausprobiert. Der Grund für diese »entspannte« Lebenshaltung ist meistens einfach: Die Kreativen dieser Art sind entweder noch auf der Suche nach ihrem kreativen Hauptthema oder nach ihrem Lebenssinn. Viele von ihnen sind Lebenskünstler, die entweder keine Lust haben, sich festzulegen, oder sich einfach nicht zu sehr anstrengen wollen. Zur Not streichen sie auch Wände, hacken Holz oder gehen putzen. Jede dieser Tätigkeiten bringt das Geld, das sie zum Bestreiten ihres Lebensunterhalts benötigen. Es ist ihnen völlig egal, ob sie berühmt werden. Sie wollen einfach nur leben und erleben. Vielleicht werden sie mal Börsenspekulant oder Waldarbeiter. Kreativität ist nur eine schöne Möglichkeit, das Leben zu leben und zu schauen, wohin es sie treibt.

Wer mehrere Tätigkeitsbereiche hat und diese miteinander verzahnt, lernt natürlich auch viele Menschen aus anderen Lebens- und Arbeitsbereichen kennen. So bilden sich oft Netzwerke von Menschen, die sich gegenseitig weiterempfehlen, Aufträge weitervermitteln oder gar Leistungen und Produkte untereinander tauschen. Aller Voraussicht nach ist diese Vernetzung einer der künftigen Lebensstile. Denn immer weniger

Menschen wollen sich von Firmen, Arbeitsamt, Bildung und Politik bestimmen lassen, welchen Beruf sie erlernen sollen, um dann entweder als Arbeitslose oder als Arbeitsesel zu enden. Viele möchten nach Lust und Laune den Job wechseln und/oder etwas Eigenes auf die Beine stellen – »New Networking« eben, Arbeit als Erfahrungsfaktor auf der Suche nach sich selbst und der eigenen Berufung.

Sie können jedes Bild anders malen als das vorige, heute ein Buch schreiben und morgen Möbel entwerfen, heute kochen und morgen Yoga lehren. Solche Menschen sind nicht einmal an ihrer Frisur wiederzuerkennen, denn sie ändern sie zweimal im Jahr. Schnell sind sie nur, wenn sie Rechnungen schreiben oder wenn etwas nicht zu sehr anstrengt. Beschränken können sie sich nicht, denn alles kann ihnen Geld bringen, überall kann sich der künstlerische Durchbruch einstellen. Ihre Chance auf Ruhm verringert sich dadurch drastisch. Geld können sie dennoch verdienen, wenngleich es komplizierter sein kann, als wenn man einer klaren Linie folgt. Manch einer hat es auch auf diese Weise geschafft, reich und berühmt zu werden. Die Chancen für den großen Erfolg sind jedoch mit der »Kann-kommen-was-will-Technik« erheblich geringer. Spezialisierung auf das Wesentliche ist auch energetisch wirksamer als das Tanzen auf allen Hochzeiten. Je mehr Sie sich auf ein Lebensthema einlassen, desto größere Aufmerksamkeit erzielen Sie, und alle, die sich für Ihr Angebot interessieren, können es auch bewusst wahrnehmen: Da ist einer, der versteht, was er macht.

Die Chance, sich als Networker zu verzetteln oder in Stress zu geraten oder das Ziel (zum Beispiel ein wildes und freies Leben zu führen) aus den Augen zu verlieren, ist groß. Kein klar definiertes berufliches Ziel zu haben und keine Beständigkeit, keinen Wiedererkennungswert im künstlerischen Ausdruck zu haben, ist eine Art Pokerspiel. Ein Tanz auf Messers Schneide. Wer einmal ein paar Jahre diesen Weg gegangen ist, wird diese Erfahrungen nicht missen wollen, denn jeder Augenblick erfüllt einen mit großer Lust und verschafft ihm neue Erfahrungen.

Für professionelle Vermarkter, für die Medien und viele Konsumenten sind Sie als Künstler der vielfachen Improvisation verständlicherweise nicht besonders reizvoll. Vermarktung erfordert ein Image für den Künstler, ein Bild für das Fernsehen, einen Sound für den Funk, einen Schreibstil für die Leser. John Grishams nächstes Buch wird ein Bestseller nur durch die Menschen, die schon ein oder mehrere seiner Bücher begeistert gelesen haben. Sie wären bitter enttäuscht, wenn sein nächster Roman wie ein Günter-Grass-Roman daherkäme, selbst wenn es ganz wunderbar wäre. Sie wollen Grisham, nicht Grass.

Für welchen Weg Sie sich entscheiden, hängt von Ihrer Persönlichkeit und Ihrer Selbsteinschätzung ab. Wenn Sie der Meinung sind, genial Gitarre zu spielen, dann setzen Sie all Ihre Kraft für die Gitarristenkarriere ein und trödeln Sie nicht mit Bildmalerei herum. Wenn Sie allerdings sowohl sehr gut Gitarre spielen als auch tolle Bilder malen, können Sie sich in beiden Bereichen tummeln. Oft klärt die Nachfrage, wohin der Weg geht: Werden Sie mehr Bilder verkaufen oder mehr Konzerte geben? Machen Ihnen Ausstellungen oder Performances mehr Freude? Oder halten Sie an beiden fest beziehungsweise haben Sie noch mehr »Baustellen«?

Die meisten Künstler starten als Chaoten und kommen irgendwann zu mehr Klarheit in der Aussage ihres Werkes und in ihren Zielen. Manch einer aber scheitert auch, weil er seine Berufung nicht findet.

In einem solchen Fall kann ein wohlgesinnter Mensch weiterhelfen. Eine kritische Freundin oder ein professioneller Helfer, die die richtigen Fragen stellen, können oft wunderbare Prozesse einleiten, die zu mehr Klarheit führen. Manchmal genügt ein Wochenendseminar zur Visionssuche, um weiterzukommen. Manchmal reichen schon wenige Stunden Beratung oder ein intensives Gespräch mit einem erfahrenen Kollegen, und vor Ihnen tun sich neue Welten auf.

Das Leben interessiert sich jedoch nicht für Marketing. Ob Sie den einen oder den anderen Weg wählen – jeder birgt Abenteuer, Gewinne und Verluste. Wichtig ist, dass Sie die Vor- und Nachteile beider Wege kennen und sie so bewusst wie möglich wahrnehmen. Aus diesem Grund schreibe ich dieses Inspirationsbuch, das Ihnen die verschiedenen Wege des Künstlerlebens vor Augen führt. Es ist gewiss nicht einfach, aber Sie müssen die für Sie angemessene Methode herausfinden. Klarheit können Sie gewinnen, indem Sie vieles sein lassen und sich auf das konzentrieren, was Sie wirklich wollen.

Kreativität durch Selbstfindung

Wenn man Erfolg qualitativ sieht, gibt es bei der Umsetzung der Säulen Wirkungen, die nicht unbedingt guten Einfluss auf unsere innere Entwicklung haben müssen. Die ersten beiden Säulen tragen sogar eher ein gegenteiliges Potenzial in sich, denn wenn man ihnen nachstrebt, kann man leicht den Weg der Integrität aus den Augen verlieren.

Anders zu sein als andere ist wirkungsvoll. Es zieht Aufmerksamkeit auf Sie. Doch wenn Sie ständig nach Andersartigkeit trachten und dynamisch danach suchen, geraten Sie schnell aus dem inneren Gleichgewicht. Entweder sind Sie anders, weil es Ihrer Natur entspricht, oder Sie haben eine Idee, die neu ist. Ich habe viele Menschen erlebt, für die die Andersartigkeit zu einem Hype geworden war, die ständig versucht haben, zwanghaft anders zu sein, um bloß nicht wahrhaben zu wollen, wie unglaublich normal sie tatsächlich waren.

Unser Fühlen und Denken werden von unserer kulturellen Umwelt, unserer Familie und unseren genetischen Veranlagungen entscheidend geprägt. Jeder von uns ist in zahlreichen Belangen des Lebens normal und nicht andersartig. Es ist überflüssig, gegen die Normalität anzukämpfen und so zu tun, als sei man irgendwie anders, wenn man es nicht tatsächlich ist. Im Gegenteil: Verleugnen Sie, dass Sie tief in Ihrem Inneren ein langweiliger Spießer sind, dann wird das auf Dauer Ihrem Beruf schaden. Es ist besser, Spießer zu sein in 99 Prozent dessen, was man tut, und das gewissenhaft zu vermarkten. Ein Prozent sind wir alle irgendwie anders.

Genies sind zum Beispiel anders, und Genie zu sein ist ein Fluch. Die meisten modernen Gesellschaften werden mit echter Andersartigkeit nicht fertig. Menschen, die wirklich mehr als ein Prozent anders sind, sind ihrer Zeit voraus und werden in der Regel gemieden oder offen bekämpft. Das eine Prozent reicht aus, um Michael Jackson oder Joanne Rowling zu werden, wenn das Marketing stimmt. Authentisch zu sein ist aber viel wichtiger, als anders zu sein. Die Suche nach Andersartigkeit führt Sie in einem endlosen Kreis um das, was Sie wirklich sind.

Die zweite Säule, die auf Schnelligkeit und/oder Raffinesse zielt, birgt ebenfalls ein Potenzial, das krank machen kann, wenn man ihm zu sehr hinterherhechelt. Natürlich ist es günstig, mit einem neuen Produkt oder einem neuen Buchthema (Säule 1) als Erster auf dem Markt zu sein, weil die eigenen Chancen steigen. Doch wenn Sie in den Säulen 3 und 4 fit sind, dann schaffen Sie es auch, und zwar mit viel weniger Druck und Verstellung. Säule 3 und 4 fordern Ihre innere Entwicklung, die Auseinandersetzung mit den Vorstellungen von Ihnen selbst und der Welt. Es sind fast immer qualitative Prozesse, die zu diesen Säulen führen und die von ihnen ausgehen. Säule 1 und 2 haben nur sehr bedingt mit Qualität zu tun.

Wenn Sie aus sich heraus eine neue, andersartige Idee haben und sie schnell und raffiniert einführen, dann ist das natürlich etwas Befriedigendes, und Sie werden Erfolg damit haben. Doch den meisten wird das nicht gelingen. Dennoch dürfen Sie nicht verzweifelt sein. Es geht auch ohne diese beiden Säulen, wenn die anderen Säulen stimmen. Es geht sogar ganz ohne die Säulen, denn sie sind ja nur Hilfsmittel.

Dem Einsteiger fällt es oft schwer, die dritte Säule umzusetzen. Durch das kreative Arbeiten will er zu sich selbst finden. Doch finden hat mit suchen zu tun. Wenn ich mich als junger Kreativer festlege, damit ich wiedererkennbar bin, dann liege ich fest. Festliegen erschwert das Suchen ungemein.

Junge Künstler fühlen nicht den Ruf einer Stimme in ihrer Brust, die sie auffordert: »Werde Maler – wähle diesen oder jenen Stil. Werde Fotograf – nimm aber nur Aktfotos auf. Werde Restaurator – am besten nur von Skulpturen.« Die meisten verspüren einfach ein unbestimmtes Drängen, das nach Ausdruck verlangt. Ich kenne zahllose Menschen, denen es so ergeht. Auch sie können von der Kreativität leben. Sie müssen halt nur Kompromisse eingehen und öfters mal Jobs machen, die vielleicht nicht so toll sind, ganz im Sinne des »New Networking«. Aber das muss der wiedererkennbare Künstler, der sich auf das Wesentliche beschränkt, oft auch tun.

Ich habe eine ganze Menge Künstler kennengelernt, die sich auf einen Stil festgelegt und damit Erfolg hatten. Doch der Erfolg kam zu früh. Sie fühlten sich an Geld und Ruhm gebunden, trauten sich nicht, neue Wege einzuschlagen oder gar aus ihrem Wiedererkennungsgefängnis auszubrechen.

Gönnen Sie sich, das zu machen und zu denken, was Sie möchten und dennoch als Kreativer zu leben. Wenn Sie irgendwann die Stimme in Ihrem Inneren klar vernehmen, die Ihnen eine Richtung weist, dann wird sich der Wiedererkennungseffekt in Ihrem Schaffen von selbst einstellen. Und dann wird es Ihnen auch leichtfallen, sich auf das Wesentliche zu beschränken. Es ist nicht gesund, die Säulen zu erzwingen. Sie müssen aus Ihrem Herzen erwachsen.

Was ist Marketing?

An den Akademien und Hochschulen für Kreativität wird so gut wie nichts über Marketing gelehrt. Da werden über einige Jahre hinweg Künstler ausgebildet, und niemand bringt ihnen bei, wie es geht, von der eigenen Kreativität zu leben. Als wäre Vermarktung der böse, dunkle Gegenpol zum guten, lichten Schöpfergeist. Doch die Gründe, warum jungen Kreativen nicht auch das Handwerkszeug zum Überleben mitgegeben wird, sind politischer Natur. Die Unkündbarkeit von Beamten, die leistungsunabhängige Bezahlung von Dozenten und die Verflechtungen der Interessenverbände verschiedener Berufsstände mit der Politik und vielen meinungsbildenden Medien tragen entscheidend dazu bei, dass Deutschland auf dem besten Weg ist, seinen Status als große Kultur- und Wirtschaftsnation einzubüßen.

Es gibt mehr Menschen, die direkt oder indirekt gut von der Vermarktung und Betreuung von Kreativen leben, als Kreative überhaupt vorhanden sind, und es wird weit mehr Geld mit Künstlern verdient, als die Künstler selbst verdienen. Wenn Künstler sich flächendeckend selbst vermarkten, werden viele Jobs im Bereich von Kunst, Kultur, Vermarktung, Subvention und Kreativförderung überflüssig.

Natürlich ist es ein wenig unlogisch, von Einrichtungen, die von Beamten geleitet werden, Bildung über Marketing zu erwarten. Beamte sind unkündbar, ihre Besoldung steht in keinem Zusammenhang mit ihrem Erfolg. Beim Marketing bekommt nur Geld, wer gut ist. Wie soll ein verbeamteter Professor da seriös beraten? Stattdessen wird gern die Mär vom Künstler aufrechterhalten, der sich nicht um monetäre Dinge und erst recht nicht um die Vermarktung seiner Werke kümmern sollte, damit sein kreativer Fluss nicht gestört wird. Auch könnte es die Bildungselite verwirren, wenn der Erfolg eines Kreativen nicht zwingend mit einer wie auch immer gearteten genialen Begabung gekoppelt sein muss. Vielmehr macht Marketing es möglich, dass ein motivierter, zielstrebiger Mensch von seiner Kreativität leben kann – ohne ein künstlerisches Genie zu sein. Der Erfolg eines Künstlers ist somit nicht länger von hoher Begabung, von einer staatlichen Ausbildung, von der Vergabe großer Subventionen oder von der Unterstützung der Kulturmanager abhängig. Damit sind auch einige ihrer Jobs in Frage gestellt. Das Selbstmanagement von Kreativen bedroht einen Teil des Kulturestablishments. Das schließt natürlich nicht aus, dass es in den genannten Berufen auch ernsthaft bemühte Menschen gibt, die sich sinnvoll und wirksam für kreative Menschen einsetzen und die ihr Geld wert sind.

Ein Insider einer deutschen Kunstakademie sagte mir mal: »Junge Künstler, die sich bei uns um einen Studienplatz bewerben, sollten nicht schon Erfolge auf dem Markt vorweisen können. Das passt nicht in das Weltbild unserer Akademie, dass ein Künstler ohne Studium erfolgreich sein kann.«

Marketing macht mehr Spaß, als man zunächst meinen möchte, und hat unter Umständen mehr Einfluss auf die Qualität von kreativen Leistungen als manch eine staatliche Ausbildung. Hinzu kommt, dass Sie Marketing auch anwenden können, wenn Sie eine offizielle Ausbildung durchlaufen haben.

Viele meinen, Marketing diene dazu, eine Ware zu verkaufen, die ohne diese Förderung niemand kaufen würde. Das ist falsch.

Marketing bedeutet, ein Angebot so auszurichten, dass es den Bedürfnissen des Marktes entgegenkommt. So ist es zum Beispiel gutes Marketing, die Bedienungsanleitung für ein Handy so zu formulieren, dass der Benutzer die Anleitung mühelos verstehen und die Bedienung des Handys leicht erlernen kann.

Es ist gutes Marketing, eine Werbebroschüre Ihres Ateliers mit einer Anfahrtsbeschreibung und der Angabe der Öffnungszeiten zu versehen.

Es ist gutes Marketing, den Menschen, die gerne zu einer Lesung aus Ihrem neuen Buch kommen würden, die Information zu geben, wann und wo die Lesung stattfindet.

Es ist gutes Marketing, den Menschen, die wissen wollen, was Sie mit einer Skulptur ausdrücken wollen, diese Auskunft auf leicht verständliche Weise zu erteilen.

Es ist gutes Marketing, einem Interviewer, der Sie aufsucht, um einen Bericht über Sie in seiner Zeitung zu schreiben, ein Getränk anzubieten.

Es ist gutes Marketing, wenn Sie zu Ihren Mitmenschen freundlich sind.

Wenn Sie als kreativer Freiberufler leben wollen, dann ist alles, was Sie tun, gutes oder schlechtes Marketing. Denn Ihre Leistungen werden immer auch mit Ihrer Person in Verbindung gebracht. Also ist alles, was Sie leben, Marketing. Denn das Wort »Marketing« leitet sich von »Markt« ab. Der Markt ist der Ort, wo Waren oder Dienstleistungen feilgeboten werden. Marketing ist die Wissenschaft von den Beziehungen zwischen dem Anbieter und dem Käufer. Sie sind der Anbieter, und als Künstler sind Sie oft sogar die Ware. Ihr Name ist, wenn Sie gutes Marketing betreiben, so etwas wie eine Marke.

Marketing für Kreative bedeutet, sich darüber Gedanken zu machen, wie man sein Werk und seine Leistung so präsentieren kann, dass sie vom Markt optimal angenommen werden. Eindimensional betrachtet heißt Marketing: Sie schreiben ein Buch so, dass es den Menschen gefällt und nicht so, wie es Ihnen gefällt. Sie malen ein Bild nach den Erfordernissen des Marktes, also so, wie es Ihrem Publikum gefällt, und nicht so, wie es Ihrem inneren Drang entspricht. Marketing bedeutet, Kunst, Literatur oder Musik so zu produzieren und zu verkaufen, dass sie optimal vom Markt aufgenommen beziehungsweise konsumiert werden.

Was ist dagegen einzuwenden, an die Menschen zu denken, für die man Musik machen will, und die Musik dann so zu spielen, dass es den Betreffenden gefällt? Der künstlerische Anspruch geht dabei nicht verloren, denn Marketing bedeutet auch, sich darüber klarzuwerden, was das Besondere an der eigenen kreativen Leistung ist. Sobald ich diese Besonderheit erkannt habe, hilft mir das Marketing herauszufinden, welche Menschen zu meinem Angebot passen. Schließlich bemühe ich mich zu verstehen, wie diese Menschen denken, fühlen und handeln. Dann kann ich mein Angebot so vermarkten, dass die Interessenten in der Lage sind, es zu verstehen und seine Wirkung zu genießen.

Bei der zweidimensionalen Sicht des Marketings gehe ich also davon aus, dass Sie zunächst Ihre Kreativität so zum Ausdruck bringen, wie Sie mögen, ohne an den Markt zu denken. Dann werden Sie sich darüber klar, für wen Ihr kreatives Schaffen interessant sein könnte. Bemühen Sie sich, den in Frage kommenden Personenkreis von sich zu begeistern, damit er Ihre Erzeugnisse kauft. Die Freiheit Ihrer Kreativität bleibt voll gewahrt.

Doch das reicht noch nicht, das macht Ihnen immer noch nicht genug Spaß. Kreativität, Handel und Marketing sind lebendige Phänomene und machen großen Spaß. Lebendigkeit aber setzt Multidimensionalität voraus. Marketing kann auch multidimensional sein.

Marketing sorgt dafür, dass Sie über das nachdenken, was Sie mit Ihrer Kreativität bewirken wollen und wie Sie mit Ihrer Kreativität in das soziale Gefüge der Welt mit Ihrer Kreativität eingebunden sind.

Als Kreativer verfolgen Sie bestimmt eine Absicht. Vielleicht möchten Sie die Welt verändern. Nicht wenige junge Künstler wollen das. Die Welt verändert sich aber nicht. Nun setzt ganzheitliches Marketing ein. Sie überlegen sich nicht etwa, warum die Welt Sie nicht versteht und sich nicht ändern lässt. Sie verbiegen nicht einfach Ihre Kreativität, damit die Welt sich zumindest ein bisschen verändert. Sie versuchen vielmehr herauszufinden, wie sich Ihr Wunsch, die Welt zu verändern, so kommunizieren lässt, dass die Welt diesen Wunsch erkennt und sich verändert.

Marketing heißt nichts anderes, als dass Sie Russisch lernen müssen, wenn Sie als Deutscher Ihre Kreativität in Russland verkaufen wollen. Während sie Russisch lernen, erfahren Sie etwas über die Seele und die Lebensart der Russen. Das wiederum kann Einfluss auf Ihre Kreativität ausüben. Diesen Einfluss kann man mit qualitativem Wachstum gleichsetzen.

Marketing führt zur Evolution. Wenn Sie Ihre Berufung im Auge behalten, dann führt Marketing keinesfalls dazu, dass Sie Ihr Fähnchen nach dem Wind drehen, sondern dazu, dass Sie Ihre Fahne so weben, dass sie kraftvoll und bunt im Wind wehen kann und von weitem zu sehen ist. Nutzen Sie kein Marketing, weben Sie womöglich eine Fahne, die beim ersten Windstoß zerreißt oder die viel zu schwer ist und nicht im Wind flattern kann.

Marketing an einem praktischen Beispiel

* *Eindimensionales Marketing:* Wenn ich ein Buch über spirituelles Marketing schreiben möchte, erforsche ich zunächst den Markt der freien Kreativen, um herauszufinden, was sie in einem Buch über dieses Thema am liebsten lesen würden: praktische Tipps zum Thema Marketing. Den Bedürfnissen entsprechend schreibe ich ein Buch mit praktischen Marketingtipps.
* *Zweidimensionales Marketing:* Ich schreibe einfach mein Buch über spirituelles Marketing, wie es mir behagt. Anschließend eruiere ich, wer als Käufer für dieses Buch in Frage kommt, und stimme mein Marketing auf die potenziellen Käufer ab, so dass diese in der Lage sind, mein Buch wahrzunehmen und zu erwerben. Meine Kreativität bleibt so, wie ich sie will. Der für sie passende Markt wird gesucht und gezielt beworben. Für jede Art von Kreativität gibt es

einen Markt. Die Frage ist nur, wie groß er ist. Wenn Sie einfach das schaffen, was Ihnen passt, kann es vorkommen, dass es dafür nur einen sehr kleinen Markt gibt, der zudem sehr schwer zu finden und zu bewerben ist.

* *Multidimensionales Marketing:* Ich habe die Idee zu einem Buch über spirituelles Marketing. Wie im eindimensionalen Marketing erkundige ich mich nach den Bedürfnissen des Marktes, bevor ich das Buch schreibe. Ich möchte jedoch meine Ideale und Ideen auf jeden Fall in meinem Buch festhalten. Also versuche ich herauszufinden, wie die Bedürfnisse des Marktes genutzt werden können, um sowohl den Bedürfnissen des Marktes als auch meinen künstlerischen oder visionären Bedürfnissen zu entsprechen. Aus dieser Interaktion heraus schreibe ich ein Buch, in dem sich neben den »handfesten« Marketingtipps auch Inspirationen befinden, um die herkömmliche Sicht zu diesem Thema zu verändern. Ich bin überzeugt, dass Sie ein paar brauchbare Tipps finden werden, die Ihnen weiterhelfen. Ich möchte, dass Sie glücklich sind bei dem, was Sie tun, denn Ihr Glück ist mein Glück, und die Welt kann wahrlich mehr Menschen brauchen, die ihre Arbeit glücklich macht. Multidimensionales Marketing schafft also mir, Ihnen und möglicherweise auch der Menschheit Vorteile. Ein Sandkorn in der Wüste ist immerhin schon etwas!

Die Mär vom perfekten Marketing

Ein Buch voller Tipps, wie soll man denn das alles umsetzen? Es gibt zig lieferbare Bücher zum Thema »Marketing«. Es geht nicht darum, alles sofort umzusetzen, was das Marketing anzubieten hat, sondern vielmehr darum, sich eine eigene Marketingstrategie zu erarbeiten. Wenn Sie von Ihrer Kreativität leben wollen, werden Sie sich im Lauf der Jahre einen persönlichen Marketingmix mit Methoden und Techniken zusammenstellen, die zu Ihnen und Ihrem Beruf passen.

Ich habe alles, was ich in diesem Buch empfehle, ausprobiert und für hilfreich befunden. Doch ich war bisher kaum in der Lage, all die Dinge, von denen ich weiß, dass sie funktionieren, umzusetzen. Gutes Marketing braucht enorm viel Zeit.

Es ist hilfreich, wenn Sie sich nach einer Weile des Ausprobierens auf die Marketingmethoden beschränken, die Ihnen besonders Erfolg versprechend erscheinen. Es gibt kein perfektes Marketing. Doch es lohnt sich, es anzustreben.

AIDA
Die ultimative
Oper vom Marketing

Natürlich hat die Oper Aida von Giuseppe Verdi genauso wenig mit Marketing zu tun wie der Komponist mit der Gewerkschaft Ver.di. AIDA ist ein Kürzel und steht für die englischen Wörter attention, interest, desire, action (Aufmerksamkeit, Interesse, Verlangen, Handlung). AIDA ist die Grundlage jedes erfolgreichen spirituellen Marketings, das in jeder Seite dieses Buches als Idee mitschwebt.

Marketing ist nur eine Theorie – AIDA ist die Wirklichkeit. Marketing wird bestimmt von theoretischen Modellen, die versuchen, hochkomplexe Abläufe zu erfassen, damit wir sie gezielt für uns nutzen können. Bis zu einem gewissen Maße funktionieren diese Modelle hervorragend in Abhängigkeit von der Zeit, von gesellschaftlichen Entwicklungen und individuellen Situationen jedes Verkaufsereignisses. Jedes Jahr tauchen neue Marketingmodelle auf, die alle auf ihre Weise wirksam sind, während ältere Modelle scheinbar ihre Zugkraft verlieren. Marketing ist also nicht allgemeingültig. Manchmal funktioniert ein und dasselbe Marketing bei dem einen gut, bei dem anderen schlecht. AIDA jedoch ist über alle Zeitströmungen erhaben.

Attention bedeutet, die Aufmerksamkeit der Menschen zu gewinnen. Bevor jemand etwas konsumiert, muss er es erst einmal überhaupt wahrnehmen. Wenn ich ein Buch schreibe und es auf meinem Rechner abspeichere oder nur ein Exemplar für mich ausdrucke, würde niemand je etwas davon erfahren. Ich kann es auch hunderttausendmal drucken lassen und eine Halle mieten, in der ich es staple, ohne dass jemand etwas mitbekommt. Ich muss Aufmerksamkeit erregen. Die Menschen müssen die Chance bekommen, zu bemerken, dass es dieses Buch gibt. Diese Aufmerksamkeit versuche ich durch die verschiedenen Marketingmaßnahmen, die in diesem Buch beschrieben sind, zu verschaffen. Eine Anzeige, ein Rundfunkinterview, ein Direktmailing sind Mittel, um auf etwas aufmerksam zu machen.

Aufmerksamkeit in Interesse wandeln

Es ist nicht schwer, Aufmerksamkeit auf sich zu ziehen. Ich kann mich in die Fußgängerzone stellen und willkürlich das Buch gegen Passanten schleudern. Damit würde ich aber nur wenig Interesse bei den Passanten erzeugen, sondern mir nur Ärger einhandeln, weil die Polizei mich nämlich wegen Erregung öffentlichen Ärgernisses verhaften würde. Ich möchte aber mein Buch verkaufen und nicht verhaftet werden. Um jedoch Aufmerksamkeit in Interesse für mein Buch umzuwandeln, muss ich meine »A-Marketingmaßnahmen« so gestalten, dass sie auch als »I-Marketingmaßnahmen« taugen, damit der inzwischen aufmerksame Kunde sich nun näher mit meinem Angebot beschäftigt.

Wenn ich beispielsweise ein Plakat auf einer Plakatwand anbringe, auf dem noch zwanzig weitere Plakate anderer Bücher kleben, dann kann ich es durch auffälliges Design oder durch die Nutzung von Schlüsselwörtern schaffen, dass der potenzielle Kunde mein Plakat wahrnimmt, während die anderen Plakate nicht wahrgenommen werden. Auf dem Plakat muss etwas kommuniziert werden, das das Interesse des potenziellen Kunden explizit weckt. Das kann dadurch erfolgen, dass ich einige markante Sätze oder Stichworte auf das Plakat schreibe, die den Inhalt des Buches präzise erläutern. Selbstvermarktung, Pressearbeit und Mailings sind die Grundlagen des Erfolgs. Ich möchte die grundsätzliche Aufmerksamkeit der Menschen nutzen, um ihr Interesse zu wecken.

Ist das Interesse einmal geweckt, so fragt man sich: Ist das vorliegende Angebot in der Lage, mir einen Vorteil zu verschaffen? Kann es mein Leben auf irgendeine Weise bereichern? Mit meinem »I-Marketing« möchte ich eine Antwort auf diese Frage erleichtern: Ich versuche, den aufmerksamen Menschen über die Inhalte und die Möglichkeiten des Buches zu informieren.

Informieren kann ich sowohl recht sachlich als auch emotional. Eine sachliche Auskunft könnte folgendermaßen lauten: »Dieses Buch hilft kreativen Freiberuflern, die Methoden des Marketings zu nutzen, um sich selbst zu vermarkten.« Emotional ausgedrückt würde die Information heißen: »Erfahren Sie das Geheimnis, wie Sie schnell reich und berühmt werden.«

Ein Gruselroman benötigt weniger sachliche Informationen als ein Sachbuch. Wie Sie das Interesse der Menschen wecken, hängt von dem, was Sie anbieten, und von Ihrer Zielgruppe, ab. Natürlich bedient sich ein Plakat, das für Kunstmarketing wirbt, anderer Mittel, um das Interesse der Kunden zu wecken, als ein Plakat, das einen Hollywood-Actionfilm bewirbt.

Ausgesprochen sachliche Informationen gibt es im Marketing nicht. Wenn ich ein Auto kaufen will und die Werbung verspricht, dass man damit schneller fährt als alle anderen, ist das dann weniger sachlich als die Angabe einer PS- und Hubraumzahl? Die dominante Struktur unseres Menschseins ist die Emotion. PS und Hubraumzahl werden von jedem an Autos interessierten Menschen in Emotion umgerechnet, und er weiß: »Mit der Motorleistung werde ich schneller sein als alle anderen.« Eine Bedienungsanleitung sollte sachlich sein, doch Marketing nutzt das gezielt Sachliche, um Emotion zu erzeugen. Denn ich will ja aus dem Interesse, dem »I«, ein »D«, ein Verlangen, erzeugen.

Aus Interesse wird Verlangen

Der Punkt, an dem sich Interesse in Verlangen wandelt, ist schwer festzumachen. Verlangen bedeutet, dass das Interesse des Kunden in die Entscheidung umschlägt, ein Angebot, beispielsweise mein Buch, besitzen zu wollen. Verlangen wird dort erzeugt, wo das Interesse so viele positive Signale liefert, dass der Kunde entscheidet: »Das Angebot scheint mir so interessant, dass ich es gern erwerben würde.«

An dieser Stelle setzen die Hebel für zahllose Marketingtricks ein. So kann man zum Beispiel ein starkes Interesse unter Druck setzen, um Verlangen zu erzeugen. Wenn auf dem Plakat stehen würde: »Limitierte Auflage«, dann würde das Interesse noch während des Überlegens von der Sorge eingeholt, nicht schnell genug zu überlegen. »Möglicherweise ist das Buch schon ausverkauft, bevor ich eine Entscheidung gefällt habe, ob ich es kaufen will oder nicht!«

Auch Sonderangebote sind ein Trick. Bei Büchern funktioniert das nicht, da es in Deutschland die Preisbindung gibt. Doch wenn auf dem Plakat stehen würde: »Statt 18 Euro hier nur 9,90 Euro«, dann würde sich das Buch besser und schneller verkaufen. Prestige, Schutz der Familie, sexuelle Befriedigung, die Möglichkeit, Bedrohungen verschiedener Art von sich abzuwenden oder einen ganz besonderen Vorteil zu erhaschen (Sparen Sie! Nur solange Vorrat reicht!) sind Tricks, die an unsere Triebwelt appellieren. Manipulierbar sind wir alle.

Das »D« ist der Grund, warum es sich nicht empfiehlt, hungrig zum Lebensmitteleinkauf zu gehen. Mein grundsätzliches Interesse, eine Tafel Schokolade zu essen, wird nämlich im Supermarkt enorm durch mein Hungergefühl unter Druck gesetzt: Es entsteht Verlangen. Und in null Komma nichts werfe ich mir eine Tafel Schokolade in den Einkaufskorb, obwohl ich doch eigentlich nur Obst und Gemüse kaufen wollte.

Doch zurück zu der Werbung für mein Buch. Das Plakat hat das Verlangen des Betrachters geweckt, er möchte nun das Buch haben. Er will handeln, er will kaufen!

Der Kunde hat nun Handlungsbedarf. Er möchte das Angebot nutzen und mein Buch kaufen. Dafür steht das A für action. Der Kunde muss jetzt handeln können und das Angebot so leicht wie möglich auffinden. Bei Büchern ist das recht einfach, denn in Deutschland gibt es ein flächendeckendes System, über das man fast alle lieferbaren Titel innerhalb kürzester Zeit über eine Buchhandlung oder übers Internet bekommt.

Was passiert aber, wenn Sie für eine Lesung werben, jedoch die Adresse oder den Termin vergessen, an dem die Lesung stattfinden soll? Oder wenn nur spezielle, mehrere Kilometer entfernt liegende Buchhandlungen das Buch im Sortiment führen? Oder wenn der Kunde ein Bild kaufen möchte, aber nicht weiß, wie er es nach Hause transportieren kann? Oder wenn jemand spätabends in Ihren Laden kommen möchte, Sie aber die Öffnungszeiten einhalten? In diesen Fällen kann es vorkommen, dass der Kunde sein Verlangen nicht stillen kann und entweder auf ein alternatives Angebot ausweicht, es sich noch einmal genau überlegt, oder, falls er vor Ihrem Laden steht, frustriert ist, weil er nicht reinkommt.

Es besteht jederzeit die Möglichkeit, das Bedürfnis des Kunden nach Handlung abzuwürgen. Deshalb sind »Kundenpflege« und »Zielgruppendefinition«, über die ich in diesem Buch ebenfalls berichte, wichtige Marketingwerkzeuge.

Sie müssen in Erfahrung bringen, wie die Menschen, deren Interesse und Verlangen Sie geweckt haben, am liebsten Ihr Produkt erwerben möchten. Kaufen sie gern im Atelier oder lieber in der Galerie? Suchen sie gern eine Buchhandlung auf oder bestellen sie lieber online? Mögen sie mit einem Glas Wein verwöhnt werden und wollen sie sich unterhalten, oder nehmen sie die Ware mit und verschwinden schnell? Wollen sie bar bezahlen oder mit Scheck oder Kreditkarte?

Je besser Sie die Bedürfnisse Ihrer Kunden kennen, desto besser können Sie ihrem Handlungsbedarf entgegenkommen. Als Feng-Shui-Berater mache ich zum Beispiel schon auf der Türschwelle vieler Warenhäuser wieder kehrt, obwohl ich eigentlich vorhabe, etwas zu kaufen. Ich möchte jedoch als Mensch wahrgenommen werden und nicht als Geldbörse. Wenn ich in ein Kaufhaus komme und das Gefühl habe, ein Warenlager zu betreten, dann weiß ich, dass sich in diesem Haus niemand um mein Wohlbefinden bemühen wird. Da es viele Warenhäuser gibt, bringe ich mein Geld lieber in jene, in denen ich mich wohl fühle.

So denken immer mehr Menschen. Es muss Spaß machen, Geld auszugeben. Ich will als Mensch gepflegt und nicht als Geldablieferer abgefertigt werden. Der Bereich action wird in Zukunft immer sensibler. Die Leute überlegen sich zunehmend genauer, wie, bei wem und unter welchen Begleitumständen sie ihr Geld ausgeben. Wir Kreativen werden den Kaufhausgiganten immer überlegen sein, wenn wir wollen. Denn wir arbeiten nicht für die Masse, sondern für einen kleinen Personenkreis, den wir gut kennen.

Der Kunde sollte Ihr König sein. Überlegen Sie, wie Sie ihm in seinem Verlangen zu handeln entgegenkommen können, und die Oper des Umsatzes wird für Sie erfolgreich erklingen.

AIDA ist also das Zentrum jeder Marketingaktion. In jedem dieser Buchstaben steckt jedoch im Grunde immer nur eine Aufgabe: Verstehen Sie Ihre Kunden. Verstehen Sie, auf welche Art sie wahrnehmen. Verstehen Sie, wofür sie sich interessieren. Verstehen Sie, was sie verlangen und was ihr Verlangen anregt. Verstehen Sie, wie sie ihr Verlangen gern stillen. Helfen Sie ihnen, diese Bedürfnisse zu befriedigen.

Die Kunst
zu wissen,
was man will

Stellen Sie sich vor, Sie sind ein Ozeandampfer. Ihr Kapitän, sozusagen das Gehirn des Dampfers, ist zweifellos ein sympathischer Mensch. Sie liegen in Hamburg im Hafen und legen ab. Ihr Ziel ist die Neue Welt. Der Kapitän weiß ja, wo Amerika liegt. Daher sollte also alles gut gehen. Das Schiff schafft es aber kaum, den Hafen zu verlassen. Ein paar gerammte Kaimauern später wechselt der Kapitän frustriert den Job und erzählt allen: »Eine Fahrt nach Amerika schaffen nur die wenigsten. Das hat viel mit Glück zu tun, der Weg ist voller Mauern. Ich habe es probiert, ich wollte nach Amerika fahren, aber da standen hohe, undurchdringliche Mauern im Weg, keine Chance. Wahrscheinlich muss man ein Geheimnis kennen, um dort rüberzukommen.«

Ihnen ist natürlich klar, wie ein Kapitän sein Schiff nach Amerika dirigiert. Er gibt Signale, Ziele und Kurse vor. Er sagt, wie schnell das Schiff fahren soll, welche Klippen es umfahren muss und wie es reagieren soll, wenn ein heftiger Sturm losbricht.

So ähnlich verhalten sich alle erfolgreichen Menschen, auch erfolgreiche Künstler: Sie können genau sagen, wohin sie wollen und wie sie den Weg zu beschreiten gedenken.

Wenn Sie erfolgreich sein möchten, müssen Sie so klar wie möglich definieren, wie Ihr Erfolg aussehen soll, wo genau Sie ankommen möchten. Wenn Sie sich als Ziel einfach nur vornehmen: »Ich will als Künstler leben«, wird Ihnen zwar ein spannendes Leben beschert sein, aber Erfolg muss nicht unbedingt dazugehören. Viele erfolgreiche Menschen sind außerordentlich zielbewusst. Ob sie es absichtlich sind oder ob es ihrer Natur entspricht und sie intuitiv klare Ziele ins Auge fassen, ist zweitrangig. Wichtig ist, dass sie klar definierte Ziele haben. Sie wissen genau, was sie wollen, wann sie es wollen und wie sie es wollen.

Genau wie es beim Kapitän der Fall war, genügt es nicht, sich einfach nur ein diffuses Ziel auszudenken. Es sind Details notwendig. Die wenigsten Menschen wissen genau, was sie wollen. Das ist mit Sicherheit einer der Gründe, warum viele so vor sich hin leben und überleben, während andere erfolgreich sind.

Nehmen Sie sich mal ein einfaches Ziel vor: »Ich möchte reich werden!« Schön! Wollen wir das nicht alle? Aber was ist eigentlich reich? Ist Dieter Bohlen reich? Oder eher Mick Jagger? Oder vielleicht doch Microsoft-Chef Bill Gates? Ist ein Mensch mit einem schuldenfreien Haus reich? Für den durchschnittlichen Afrikaner ist wahrscheinlich jemand, der in Frieden lebt und genug zu essen hat, reich. Für andere ist der Eigentümer von fünfzig Mietshäusern reich, und für Bill Gates sind fünfzig Mietshäuser sicher nur die Portokasse.

Ein zielbewusster Mensch sagt nicht: »Ich will viel Geld verdienen.« Er macht sich vielmehr eine klare Vorstellung davon, wie viel Geld er verdienen möchte. Für den einen sind 100 000 Euro viel Geld, für den anderen sind 100 000 Euro im Monat immer noch zu wenig.

Sie wollen berühmt werden? Super! Doch was bedeutet berühmt? Wenn Sie fünf Didgeridoo-Spieler fragen, ist es wahrscheinlich, dass einer meinen Namen kennt und ein zweiter ein Buch von mir gelesen hat. Unter Didgeridoo-Spielern bin ich also bekannt. Aber wie viele Didgeridoo-Spieler gibt es in Deutschland? Wenige tausend! Also bin ich wirklich kein bekannter Mensch. Ist Dieter Bohlen berühmt? In Deutschland sicherlich, aber wer kennt ihn in Amerika? Die Stones kennen alle. Überall. Reicht es Ihnen, so berühmt zu werden wie ich, wie Dieter Bohlen oder lieber wie die Stones?

Sie können in Ihrem Ortsteil, Ihrer Stadt, Ihrem Kreis berühmt werden. Ist das schon »berühmt sein«? Oder sind Sie in Ihrer Region bekannt? Bekannt sein ist eine Sache, aber berühmt steht für Anerkennung und oft auch Umsatz. Ist Reinhard Mey berühmt? Bestimmt in Deutschland und bei Liebhabern der Liedermachermusik. Aber ist er berühmt? Was ist Herbert Grönemeyer dann? Und wer kennt Grönemeyer in Australien? Elvis Presley kennt man auch in Australien! Ist Grönemeyer deshalb nicht berühmt?

Wenn Sie sich nur wünschen, berühmt zu werden, dann weiß Ihr innerster Motor, Ihr Gehirn, nicht genau, wie berühmt Sie werden wollen. Ihr Wunsch, berühmt zu werden, hört sich für das Gehirn eher wie eine Hoffnung, nicht wie ein Ziel an. Aus Hoffnungen lässt Ihr innerer Motor nicht unbedingt Handlungen erwachsen. Eine Hoffnung ist ein Wunsch. Einen Wunsch zu äußern reicht nicht. Erfolgreiche Menschen haben Ziele. Es ist ein weitverbreiteter Irrtum, wenn man sagt, dass man sich etwas nur intensiv genug wünschen muss, und dann tritt es ein. Dann müssten alle Menschen erfolgreich sein, die sich etwas sehnlich herbeiwünschen. Doch die Seele des Wunsches ist der

Mangel. Wenn ich mir etwas wünsche, dann fehlt mir etwas. Wenn ich das Gehirn mit der Information »mir fehlt etwas« speise, dann wird das zu meiner Wirklichkeit. Zielbewusstheit hat nichts mit Wünschen zu tun, sondern mit Realisieren.

Hören Sie auf, sich etwas zu wünschen. Fassen Sie Ziele ins Auge. Verfolgen Sie sie. Erreichen Sie sie.

Die Forschung hat nachgewiesen, dass unser Gehirn in gewissen Bereichen unseres Lebens, unserer Wahrnehmung auf ganz simple Weise funktioniert, ähnlich wie ein Computer. Der Computer kennt nur Einsen und Nullen. Seine Logik ist im Grunde sehr einfach. Die Logik unseres Gehirns ist erstaunlicherweise bisweilen ebenso simpel. Gewisse Wahrnehmungsstrukturen in uns sind tatsächlich so simpel, dass wir sie von selbst nicht nutzen würden.

Wenn Sie ein Ziel definieren, dann legen Sie in einem Bereich Ihres Unterbewussten eine Art Pinnwand an. Auf diesem Pinbord notieren Sie Ihr Ziel. Jedes Mal wenn Sie an dieser Pinnwand vorbeikommen, sehen Sie dieses Ziel dort aufgeschrieben. Sie sehen es dort so oft, dass es anfängt, sich in die innersten Strukturen Ihrer Wahrnehmung und Ihres Lebens einzugraben. *Schließlich werden Sie selbst zu diesem Wunsch, diesem Ziel.* Es ist nicht mehr eine Vorstellung von außen, sondern ein Teil Ihres Wesens. Das Ziel verselbständigt sich, aus einem abstrakten Etwas wird ein Lebensmotiv. Erfolgreiche Menschen beschäftigen sich immer wieder mit ihrem Ziel. Manche denken kaum an etwas anderes. Erfolglose Menschen neigen dazu, sich treiben zu lassen und kein echtes Ziel zu haben. Oder sich eben zu wünschen, ein Ziel zu erreichen – ein Ziel, von dem sie keine genaue Vorstellung haben.

Das »Problem« ist unsere Sprache. Sie liefert eine exakte Wiedergabe von Raum, Zeit, Gefühl und Gedanke. Wenn wir uns ungenau ausdrücken, peilt auch unser Gehirn ungenaue Ziele an. Stellen Sie sich folgende Situation vor: Sie setzen sich das Ziel, in fünf Jahren erfolgreich zu sein und jedes Jahr 50000 Euro mit Ihrer Kreativität zu verdienen. Da lassen Sie ein Schlupfloch für Ihr Einsen- und Nullenhirn. Heute ist 2008. In fünf Jahren ist 2013. In drei Jahren ist in fünf Jahren aber 2015. Ihr Unterbewusstes will extrem klar informiert werden. In drei Jahren ist morgen ein Tag später als heute. Die Rechenmaschine Hirn schiebt das »in fünf Jahren« jeden Tag vor sich her, und die fünf Jahre bleiben auf ewig fünf Jahre entfernt und damit auch Ihr Verdienstziel. Richtiger wäre es zu formulieren: 2013 verdiene ich 50000 Euro im Jahr.

Positive Zielprogrammierung

Wir programmieren über Sprache unser Gehirn. Unser Gehirn wird aber größtenteils von Gefühlen beherrscht. Gefühle sind immer in der Gegenwart, sie kennen die wahre Natur des Lebens. Vergangenheit und Zukunft existieren nicht wirklich, sind nur Reflexionen unseres Geistes. Das Gehirn arbeitet und verarbeitet die Gegenwart. Auch Zukunft und Vergangenheit werden immer in der Gegenwart verarbeitet.

Ihr Ziel heißt: Ich verdiene 50000 Euro im Jahr. Nehmen Sie das als Übung: Sagen Sie diesen Satz ein paarmal laut vor sich hin. Wie fühlt sich das an? Es klingt doch sehr ungewohnt, nicht wahr? Was sich da so eigenartig anfühlt, ist die Arbeit, die Ihr Hirn leistet. Ihm kommt die Vorstellung, so viel Geld zu verdienen, eigenartig vor.

Probieren Sie nun etwas anderes. Sagen Sie vor sich hin: »In fünf Jahren verdiene ich 50 000 Euro im Jahr.« Das fühlt sich ganz in Ordnung an. Es liegt daran, dass Ihr Gehirn nichts wirklich Neues verarbeiten muss. In fünf Jahren, so weiß es, fließt viel Wasser den Rhein hinunter. Abwarten, was da kommt. Für fünf Jahre hat unser Emotionshirn keine Einteilung, das kann morgen oder nie sein. Cool, denkt sich das Hirn, nichts, wofür ich mich anstrengen muss, alles bleibt wie gehabt, die Zukunft liefert etwas Unbestimmtes.

Doch es gibt noch weitere Haken. Ein bekannter Künstler erzählte mir, dass er sich zu Beginn seiner Tätigkeit als Performancekünstler gewünscht hatte, im Jahr 100 000 Euro Umsatz mit seinen Darbietungen zu machen. Wunderbar. Hat prima geklappt. Leider. Aber von den 100 000 Euro Umsatz sind ihm nicht einmal 5000 Euro übriggeblieben. Er hat das Geld wieder in seine Kreativität investiert und damit Materialien, Honorare, Marketing, Werbung, Miete und anderes mehr bezahlt.

Erkennen Sie seinen »Fehler«? Er hatte einfach nur eine Zahl genommen, ohne die Umstände zu beachten, die sich um diese Zahl ranken. Dieser Künstler hat auf mein Anraten hin sein Ziel geändert. Er programmierte sich fortan folgendermaßen: »Ich mache im Jahr 100 000 Euro Umsatz und 20 Prozent Gewinn.« 20 000 Euro, das war sein Ziel. So viel brauchte er, um den Lebensstandard zu erreichen, den er sich wünschte. Es hat gleich im ersten Jahr geklappt.

Nach zwei Jahren kam der Künstler wieder zu mir in die Beratung: 20 000 Euro Gewinn als Ziel waren zwar nett, aber das Leben des Künstlers blieb dabei auf der Strecke. Er erreichte zwar im Durchschnitt einen überaus beachtlichen Umsatz von

100 000 Euro und bezahlte inzwischen von seinen rund 20 Prozent Gewinn ein eigenes Häuschen ab, doch seit fast zehn Jahren bewältigte er einen 14-Stunden-Tag. Er hatte Stress, nahm deutlich an Gewicht zu, hatte Rückenprobleme und kein Glück in der Liebe. Darum haben wir sein Ziel noch einmal revidiert und wie folgt umformuliert: »Ich mache 20 000 Euro Gewinn im Jahr und bin entspannt, habe Lust und Freude an meiner Arbeit und tue täglich etwas für meine körperliche und geistige Gesundheit. Ich lebe mit einer wundervollen Frau zusammen.« Es hat zwar eine Weile gedauert, aber nun beginnt es zu funktionieren. Der Mann hat bereits abgenommen und eine wirklich nette Frau kennengelernt. Dieses Beispiel ist stellvertretend für viele. Ich habe viele Kunden, die Geld wie Heu verdienen, aber tagein, tagaus schuften. Sie kennen weder Urlaub noch Ausspannen am Wochenende.

Hier trifft die Frage der Zieldefinition mit der bereits gestellten Frage nach der Qualität des Erfolgs zusammen. Die Mehrheit der Menschen in Deutschland setzt sich Geld- und Erfolgsziele, ohne an die Lebenskunst zu denken.

Ich empfehle Ihnen: Bauen Sie in all Ihre Ziele den Faktor Entspannung und Gesundheit mit ein. Bauen Sie mit ein, was Sie für diesen Faktor investieren (Sport, Entspannung, Familie, Freunde): »Ich gehe jeden Tag eine halbe Stunde spazieren. Ich trainiere dreimal die Woche im Fitnesscenter.«

Sie sollten sich genau ausmalen, wie Sie leben werden, wie Sie Ihre Tage gestalten, mit wem Sie sich umgeben und mit wem lieber nicht. Stellen Sie sich das Gefühl vor, das Sie überkommt, wenn Sie auf Ihrem Kontoauszug schon wieder ein paar tausend Euro mehr stehen haben. Oder eine Zeitung aufzuschlagen und schon wieder etwas Nettes über Ihr Werk darin zu lesen. Wichtig für jegliche Zieldefinition ist die schriftliche Fixierung Ihrer Ziele. Durch das Aufschreiben werden sie zu einem Stück Wirklichkeit, einem Merkzettel, den Sie immer wieder zur Hand nehmen können. Es lässt sich überarbeiten, erneuern und erweitern – wie ein persönlicher Businessplan.

Vorschläge für Zieldefinitionen

Formulieren Sie Ihr Ziel in der Gegenwart, formulieren Sie es positiv, formulieren Sie kurze, aussagekräftige Sätze.

- Auf welchem Weg möchte ich dieses Ziel erreichen?
- Wann möchte ich dieses Ziel erreichen?
- Was wird sich in meinem Leben durch das Anstreben dieses Ziels verändern?
- Was muss ich unterlassen, um dieses Ziel zu erreichen?
- Was muss ich Neues tun, um dieses Ziel zu erreichen?
- Was muss ich investieren, um dieses Ziel zu erreichen?
- Wer kann mir helfen, dieses Ziel zu erreichen?
- Wer wird auf mich verzichten müssen, wenn ich das Ziel erreichen will (z. B. weniger Zeit für die Familie)?
- Was wird sich in meinem Leben durch das Erreichen des Ziels verändern?
- Wie wird mein Leben aussehen, wenn ich mehr Geld, mehr Ansehen erreiche?

Nehmen Sie sich einen ganzen Tag Zeit, um über Ihre Lebens- und Berufsziele nachzudenken. Gönnen Sie sich einen Raum der Stille, in dem Sie die Geschichte Ihrer Zukunft detailliert aufschreiben. Schreiben Sie auf, wie Ihr Leben verlaufen soll. Danach können Sie Ihre Ziele aus diesem Lebenslauf in spe ableiten und klar definieren. Schreiben Sie Ihre Ziele unbedingt auf. Bewahren Sie die Niederschrift gut auf, sie wird Ihnen in sechs Monaten oder zwei Jahren als Kontrolle dienen.

Selbsteinschätzung und Zieldefinition

Ein weiteres Problem auf dem Weg, das perfekte Ziel anzupeilen, ist unsere Selbstwahrnehmung: Wir neigen dazu, uns entweder zu über- oder zu unterschätzen. Latenter Größenwahn und mangelhaftes Selbstbewusstsein sind durchaus typische Verhaltensweisen, die besonders bei Kreativen aller Couleur auftreten.

Beim Definieren von Zielen hören sich übertriebene Bescheidenheit und Selbstüberschätzung zum Beispiel so an: »Ich verdiene 5000 Euro im Jahr mit meiner Kreativität.« Oder: »Ich werde bei der nächsten Stones-Tour Keith Richards ersetzen.« Das Ziel sollte in einem realistischen Verhältnis zur Wirklichkeit stehen. Es gibt Managementberater der Topgarde, die peitschen ihren Schülern ein, sich nicht zu blockieren, indem sie sich zu geringe Verdienstmöglichkeiten als Ziel ausdenken. Da sagt der Berater zum Manager mit 200 000 Euro Jahreseinkommen: »Wenn Sie sich fünf Millionen Jahreseinkommen nicht als realistisches Ziel vorstellen können, wie soll es dann klappen? Wie wollen Sie fünf Millionen im Jahr verdienen, wenn Sie es sich gar nicht vorstellen können, dass so viel bezahlt wird? Was Ihre Phantasie nicht schafft, kann im Leben doch gar nicht klappen!« Man liest täglich in der Zeitung, dass diese Methode bei Managern funktioniert.

Wie aber bekomme ich als Einsteiger eine realistische Einschätzung, welche Ziele passen, welche sind überzogen? Zunächst einmal, indem Sie Ihre Arbeit selbstkritisch mit dem Angebot auf dem Markt vergleichen: Wie sehen die Bilder ähnlicher Künstler aus, wie lange stellen sie schon aus, wie viel bekommen sie für ihre Bilder? Wie schreibt John Grisham, wie Günter Grass, wie Elfriede Jelinek? Und wie schreibe ich? Wie klingt Marius Müller-Westernhagens Musik und wie meine? Wie lange hat er gebraucht, und wie hat er es überhaupt geschafft, dahin zu kommen, wo er jetzt steht?

Unterschätzen Sie nie die Mühe, die Arbeit und die Zeit, die man braucht, um ein Ziel zu erreichen. Seien Sie vorsichtig mit voreiligen Zielen, schonen Sie sich jedoch nicht, indem Sie zu kleine Schritte machen, dann fehlt Ihrem Gehirn die Herausforderung.

Setzen Sie sich Ziele für Dinge, die Sie erreichen wollen in

- einem Monat,
- einem halben Jahr,
- zwei Jahren,
- zehn Jahren,
- an Ihrem Lebensende.

Schreiben Sie diese Ziele detailliert nieder.

Außer der genauen Beobachtung von Vorbildern sind eigene Erfahrungen von Versuch und Erfolg, Versuch und Scheitern hilfreich, um sich und seine Fähigkeiten besser einordnen zu können. Was Sie können, was Sie wert sind, müssen Sie selbst herausbekommen. Für die meisten von uns wäre das Ziel: »Ich verdiene im Jahr eine Million mit meiner Kreativität« völlig abgehoben. Aber – und das ist ja das Schöne in den kreativen Berufen – es gibt Leute, die in wenigen Jahren in solche Umsatzkategorien rücken.

Ziele ändern sich

Der Zweifel, ein Ziel nicht zu erreichen, birgt das Scheitern in sich. So berücksichtigen einige Bücher zum Thema Zieldefinition die Frage nicht: »Was passiert, wenn ich ein Ziel, das ich mir gesetzt habe, nicht erreiche?« Die meisten Menschen scheitern regelmäßig an Zielen und sind dennoch alles andere als Verlierer. Im Gegenteil, das Scheitern ist für viele der Anlass, neue oder präzisere Definitionen für Ziele zu finden, die sie schließlich auch erreichen.

Berufsziele sind Lebensziele. Die Zukunft ist ständig in Bewegung. Nicht das Ziel wird verfehlt, sondern das Ziel ändert sich. Die Option des Versagens verschwindet also. Es bleiben Möglichkeiten, sich selbst zu erleben, wie man lebt und arbeitet und sich entwickelt. Ein Ziel zu verfehlen ist so kaum möglich. Man hat vielmehr ein Ziel gewählt, das als solches nicht mehr stimmt.

Tausende von Kreativen werden ständig abgelehnt und dennoch oder gerade deshalb berühmt. Sie nutzen Ablehnung als Chance, sich zu engagieren. Wenn ich als Einsteiger der Meinung bin, dass meine Bilder schon in zwei Jahren im Centre Pompidou in Paris ausgestellt werden, dann verfehle ich dieses Ziel nicht, sondern stelle fest, dass ich auf etwas gezielt habe, das meinen

Fähigkeiten nicht entspricht. Also suche ich mir ein realistischeres Ziel aus: den Centre Pompidou in zehn Jahren oder eine Ausstellung in weniger heiligen Hallen in zwei Jahren.

Ein Ziel nicht zu erreichen heißt nicht, es zu verfehlen. Es heißt lernen.

Es heißt: Nächstes Mal ziele ich besser.

Oder: Ich passe meine Ziele meinen Fähigkeiten an.

Oder: Ich passe meine Fähigkeiten dem Ziel an.

Oder: Das damals anvisierte Ziel passt nicht mehr zu mir. Ich suche mir ein neues Ziel.

Aus ganzheitlicher Sicht halte ich Scheitern für unmöglich. Einen Weg zu gehen und zu erkennen, dass es nicht der passende Weg war, ist nicht möglich. Denn die Tatsache, dass ich erkenne, dass der Weg nicht mehr meinen Zielen entspricht, ist ein Lern- und Erkenntnisprozess, den ich ohne diesen Weg zu beschreiten nie hätte machen können.

Es mag aussehen, als würde man in die Irre laufen, vielleicht zurückkehren und einen neuen Weg ausprobieren. Doch es gibt keine Irrläufe. Wir werden zu dem, was wir sind, durch alle Wege, die wir gehen und besonders auch durch jene, die wir selbst nicht richtig verstehen.

Zielen hilft hervorragend dabei, weiterzukommen. Solange Ihr Geist offen bleibt und Sie im Hier und Jetzt leben, ist es unmöglich, danebenzuzielen. Wenn Sie beispielsweise zehn Jahre lang versuchen, als Arzt zu leben und dann Künstler werden, dann waren die zehn Jahre kein Irrlauf, sondern die Voraussetzung dafür, dass Sie nun Künstler geworden sind.

Unsere Lebenswege sind einmalige Ereignisse von hoher Logik und extremer Komplexität. Was wozu führt und warum, das erfahren wir oft erst Jahre später.

Wenn Sie mit diesem Bewusstsein Zielplanung betreiben, werden Sie immer ins Schwarze treffen.

Das Resonanzprinzip

Zu den Wirkmechanismen unseres Gehirns kommt ein Wirkmechanismus in der physikalischen Welt, der unser Leben tief durchdringt: das Prinzip von Ursache und Wirkung, das Resonanzprinzip. Was immer Sie sind, was immer Sie in die Welt hinaussenden, wird die Welt Ihnen auch zurückgeben. Es ist schwer, nach diesem Prinzip zu leben. Widerfahren uns nämlich Leid, Missgunst oder Erfolglosigkeit, dann erfolgt das nach dem Prinzip der Resonanz. Es ist ein Resultat unseres Denkens und unserer Taten. Wir leben in einer Kultur, in der wir negative Ereignisse gern mit unserer Erziehung, den Lehrern, dem Arbeitsmarkt, der Politik, dem Wetter oder dem lieben oder bösen Gott verbinden. Darum mussten wir auch das »Glück« und das »Pech« erfinden.

Das Resonanzprinzip ist in Physik, Psychologie und Erfolgstraining verankert: Ich kann nicht weiter kommen, als ich wahrnehmen kann. Fest steht, dass erfolgreiche Menschen ihr Schicksal schmieden. Sie haben Erfolg, nicht Glück. Erfolg ist stets ein Resultat von richtigen Bemühungen. Niemand hat Erfolg, weil er nichts tut oder gar das Falsche tut.

Zurück zum Resonanzprinzip. Testen Sie es doch einfach aus:

1. Was passiert, wenn ich freundlich bin?
2. Was passiert, wenn ich großzügig bin?
3. Was passiert, wenn ich mich bemühe, ehrlich zu sein?

4. Was passiert, wenn ich offen bin für Anregungen, wenn ich Dinge ausprobiere, die ich eigentlich nicht verstehe oder nicht mag?

Wenn Sie freundlich sind, werden Ihnen weniger unfreundliche Menschen begegnen, oder ihre anfängliche Unfreundlichkeit wandelt sich schnell in Freundlichkeit.

Wenn Sie großzügig sind, wird Ihnen Großzügigkeit widerfahren. Mit Sicherheit wird Ihnen gegeben, wenn Sie geben. Großzügige Menschen wissen auch die kleinen Geschenke des Lebens weit mehr zu schätzen als geizige Menschen.

Wenn Sie ehrlich sind, werden Ihnen viel weniger Halunken begegnen beziehungsweise werden Sie Ihnen begegnen, Sie aber nicht betrügen.

Wenn Sie weltoffen sind, werden Sie Erfahrungen machen, die Sie ungemein bereichern und vorwärtsbringen. Ihr Blick auf die Welt wird sich wandeln, gerade wenn Sie zu verstehen versuchen, was Ihnen nicht gefällt.

Wie dieses Prinzip funktioniert, lässt sich gerade im Geschäftsleben häufig beobachten: Sie investieren in ein Projekt, machen Werbung in einem bestimmten Stadtteil, oder Sie sind sehr freundlich zu einem Veranstalter, obwohl er sich schlecht verhält. Die Resonanz kann folgendermaßen aussehen: Das Projekt schlägt finanziell fehl, doch es bietet sich Ihnen eine andere Möglichkeit. Aus dem umworbenen Stadtteil kommt keine Nachfrage, dafür aus einem anderen Viertel. Der Veranstalter hat nie wieder mit Ihnen zu tun, aber ein anderer Veranstalter bucht Sie gleich mehrmals.

Ich habe noch nie Kraft, Zeit und Geld investiert, ohne dass es nicht auf irgendeinem Weg zurückkam. So habe ich sehr häufig ohne den Gedanken an Resonanz an Wohltätigkeitsaktionen teilgenommen. Immer geschah etwas infolge meiner Spendelaune – meistens direkt auf der Veranstaltung, manchmal nach Tagen oder erst nach Jahren.

Sie können das Prinzip mit Hilfe von Visitenkarten testen. Wenn Sie viele Visitenkarten unter die Menschen bringen, kommt die Resonanz oft nicht von denen, die eine Karte direkt von Ihnen bekommen haben. Es kann sein, dass ein Jahr später die Resonanz von jemandem kommt, der einen Tipp von jemandem erhielt, der die Karte von dem bekam, dem Sie sie einst gegeben haben.

Wenn also im Universum das Resonanzprinzip gilt, dann kann das Leben einem Menschen, der fest von seinem Erfolg überzeugt ist, durch Krisen und Rückschläge hindurch am Ende nur eines bescheren: den Erfolg. Denn ein Mensch, der fest von seinem Erfolg überzeugt ist, handelt und denkt nach dieser Überzeugung. Er sendet ständig das Signal aus: Ich werde meine Ziele erreichen.

Positiv denken funktioniert. Manchmal dauert es eine Weile, doch Gutes führt immer zu Gutem. Wenn Ihnen nichts Gutes widerfährt, dann prüfen Sie, ob Sie wirklich so nett und positiv eingestellt sind, wie Sie meinen. Es ist unmöglich, Gutes zu senden und nur Schlechtes zurückzubekommen. Das Resonanzprinzip wird besonders heftig von jenen abgelehnt, die im Leben unzufrieden, erfolglos oder unglücklich sind. Typisch für diese Menschen ist die Ansicht, ihre Situation habe mit ihrer sozialen oder ethnischen Herkunft, mit der Politik, der Familie, dem Lebenspartner zu tun. Ich bin keinem einzigen erfolgreichen Menschen begegnet, der andere für seinen Erfolg verantwortlich gemacht hat. Erfolgreiche Menschen nutzen Niederlagen auch stets zu ihrem Vorteil und verwandeln sie in eine andere Art Sieg. Wenn Sie bereit sind, Verantwortung für Ihr Leben zu übernehmen, können Sie gar nicht fehlgehen.

Ehrlichkeit, Offenheit, Ausdauer, Mitgefühl, Geduld helfen auf Dauer eine gute Resonanz zu bekommen. Selbstkritik ist für kreative Menschen sehr wichtig. Gute Selbstkritik ist bisweilen unangenehm und fordert Sie heraus. Wenn es Sie richtig schmerzt, sind Sie im Begriff, effektiv Selbstkritik zu üben.

Beherzigen Sie folgenden Rat: Nehmen Sie die Welt mit Humor wahr, denn das ist sehr hilfreich. Wenn Sie schludrig gearbeitet haben, geben Sie es ruhig zu. Ich habe schon manchen erbosten Anrufer, der sich über einen von mir verursachten Fehler ärgerte, mit dem Satz zum Schmunzeln gebracht: »Es tut mir leid, ich bin ein waschechter Schludrian. Ich bemühe mich, es künftig besser zu machen. Was kann ich tun, damit Sie mich wieder mögen?«

Die Zielgruppe

Eine Zielgruppe ist der Personenkreis, für den das Angebot, das Sie als Kreativer bereitstellen, zum Kauf und zur Nutzung in Frage kommt. Vielleicht denken Sie: Ich bin Künstler, also ist meine Zielgruppe der Personenkreis, der sich für Kunst interessiert. Das stimmt jedoch nur zum Teil. Natürlich sind Menschen, die sich für Kunst interessieren, eher Ihre Zielgruppe als zum Beispiel der Personenkreis, der sich für arabische Küche interessiert. Sie werden also eher in Richtung Kunstfreunde als in Richtung Gourmets des Exotischen werben.

Doch je präziser Sie Ihre Zielgruppe definieren, desto genauer können Sie um sie werben. Je genauer Ihre Werbung auf Ihre Zielgruppe zutrifft, desto größer ist Ihre Chance, diese Menschen für Sie und Ihr Werk zu interessieren.

Gutes Marketing ist ohne Zielgruppendefinition gar nicht möglich. Daher hängt die präzise Definition Ihrer Zielgruppe davon ab, wie genau Sie sich über Ihre Arbeit, ihre inhaltliche wie informelle Aussage im Klaren sind.

Deklinieren wir das einmal durch.

Sie sind Künstler. Ihre Zielgruppe sind alle an Kunst interessierten Menschen.

Sie sind Maler. Ihre Zielgruppe sind alle an Malerei interessierten Menschen der Zielgruppe Kunstinteressenten (die ja auch Skulptur, Installation oder Performance umfasst).

Sie malen moderne Bilder von Pferden und Reitszenen. Ihre Zielgruppe lässt sich nun schon erheblich eingrenzen. Sie umfasst Kunstliebhaber, die gegenständliche und moderne Malerei mit Natur- und Tiermotiven, vielleicht sogar Pferdemotiven, mögen. Außerdem kommen grundsätzlich alle Pferdefreunde mit vagem Kunstinteresse in Frage.

Jetzt müssen wir mehr über Sie und Ihre Pferdebilder erfahren: Interessant wären noch Ihre Vita und Ihre Preiskategorie. Wenn Sie schon recht bekannt sind und Bilder zwischen 3000 und 10000 Euro verkaufen, dann kann man Ihre Zielgruppe weiter eingrenzen: Es müssen Menschen mit gutem Einkommen oder mit Vermögen sein. Es wird bestimmt zigtausend Pferdenarren mit Kunstinteresse geben, jedoch entschieden weniger mit Kunstgeschmack und dem nötigen Bargeld.

Angenommen Sie malen in Ihrem Stil edelste Trabrennpferde. Dann kann man Ihre mögliche Kundschaft auf einige wenige Tausend Interessenten eingrenzen: alle gut situierten Freunde des Trabrennens mit Kunstinteresse.

Was bringt Ihnen die genaue Definition Ihrer Zielgruppe? Anstatt wahllos Werbung in der ganzen Stadt zu verteilen (Streuwerbung), können Sie gezielt Werbung an Ihre Zielgruppe versenden. Sie können auch versuchen, einen Artikel über Ihre Bilder in einer Fachzeitschrift, die sich mit Trabrennen befasst, zu lancieren. Oder Sie bemühen sich, Ihre Bilder gezielt dort auszustellen, wo Freunde von Trabrennpferden sich häufiger aufhalten.

Definieren Sie die Zielgruppe so genau wie möglich unter Berücksichtigung folgender Fragen:

* welche Interessengebiete,
* welches Alter, Geschlecht, Bildungsniveau,
* welchen sozialen Status, Wohnort, welches Einkommen und Konsumverhalten,
* welches Sozialverhalten, welche Einstellungen, Wünsche, Ängste.

Ihre Zielgruppe haben könnte. Wenn Sie die Antwort auf all diese Fragen kennen, können Sie Ihre Marketingmaßnahmen präzise ausrichten, statt Geld und Zeit in Werbeprojekte zu investieren, die zwar toll aussehen, aber bei völlig falschen Adressaten landen.

Die Werbeindustrie beklagt sich schon seit einigen Jahren, dass es immer schwieriger wird, die Konsumenten und ihr Verhalten klar zu bestimmen. Millionäre kaufen bei Aldi ein, während Studenten Feinkostgeschäfte aufsuchen. Jene, die heute noch ihr ganzes Geld in Reisen investieren, sparen morgen, um sich ein Haus zu kaufen. Kids, die eben noch auf trendy teure Sportschuhe standen, formieren sich einen Augenblick später und protestieren gegen die beispiellos menschenverachtende Produktionspolitik der Markenhersteller in den Schwellenländern, indem sie No-Logo-Produkte kaufen.

Der Markt wandelt sich. Der Konsument als große anonyme Masse existiert nur noch im Billigmarkt. Immer mehr Menschen definieren sich selbst durch ein sehr eigenwilliges und sprunghaftes Konsumverhalten. Konsum wird zu einem Lifestyle: Immer mehr Menschen folgen nicht den Tipps der Werbung, sondern stellen sich ihr ureigenes Konsumprofil zusammen. Der Markt splittert sich mehr und mehr in Abertausende kleine Märkte auf. Das ist unsere Chance! Die kleinen Märkte und Nischen lassen sich nicht in die auf Profitabilität ausgerichtete Zielgruppenschemata großer Konzerne einordnen. Kleine Unternehmen kommen mit kleinen Märkten aus, kennen die Bedürfnisse der Kunden besser und können schnell und flexibel auf Veränderungen reagieren.

Wie schwer es ist, Kunden nach ihrem äußerlichen Auftritt zu definieren, stellt man immer wieder fest. Haben Fahrer teurer Autos Geld für Kunst? Viele können ja kaum die Rate für den Wagen abzahlen. So manches Bild habe ich aber in ein rostiges altes Auto verstaut, das Menschen gehörte, die es vorziehen, sich ein Original zu kaufen und dafür nur alle zwei Jahre Urlaub zu machen. Es gibt Menschen, die eine billige Wohnung haben, aber nur im Bioladen einkaufen.

Es lässt sich nicht generell sagen, wie ein Kunde aussehen sollte, wen genau Sie umwerben sollten. Es kommt immer darauf an, ob es in Ihrem kreativen Angebot eine Kernaussage gibt, die sich mit einem Zielpublikum verbinden lässt. Wenn Sie Romane über Golfspieler schreiben, werden Golfspieler unter Umständen zu Ihrer Kernzielgruppe gehören. Je abwechslungsreicher und vielfältiger Ihr kreatives Angebot ist, desto schwieriger kann die Einordnung zu einem Genre oder einem Stil und damit zu einer Zielgruppe werden. Doch wenn Sie eine Zielgruppe definieren können, so hilft es Ihnen weiter, gleichgültig um welchen kreativen Beruf es sich handelt.

Warum sollten Sie zum Beispiel für meditative Musik in der Tageszeitung teuer werben? Ihre Zielgruppe ist nicht der Durchschnittsbürger. Der an seiner Entwicklung und seiner Wahrnehmung besonders interessierte Mensch ist Ihr Adressat. Es gibt fast überall regionale Veranstaltungsmagazine, die von esoterisch interessierten Menschen gelesen werden. Wenn Sie Plakate für Meditationskonzerte in einem Bierzelt anbringen, finden sie dort keine Resonanz. Dieselben Plakate sprechen die passenden Leute in der Nähe eines Ladens mit orientalischer Kleidung sehr wohl an.

Aber Achtung: Auch so mancher Spitzenmanager mag auf der Suche nach Ausgleich in ein Meditationskonzert gehen. Es gibt Leute, die lesen das Männermagazin Playboy und gleich danach die Frauenzeitschrift Emma.

Lehren wir die Konzerne das Fürchten! Verhalten wir uns nicht so, wie es erwartet wird. Und werben wir um alle Menschen, die offen sind für Schönheit und Kreativität. Gehen Sie an den Puls Ihrer potenziellen Kundschaft. Erspüren Sie, was sie sucht. Für gezielte und wirksame Werbung, für die Definition Ihrer Arbeit und Ihrer selbst in der Öffentlichkeit empfiehlt es sich, eine Zielgruppe so genau wie möglich zu benennen. Ihre Bedürfnisse und Vorlieben zu kennen ist mehr wert als jedes andere Marketingwissen. Gutes Marketing stellt sich die Frage: »Wie kann ich mit meiner Arbeit ein Bedürfnis der Menschen befriedigen, für die meine Arbeit bestimmt ist? Wie kann ich sie auf meine Arbeit aufmerksam machen?« Je genauer Sie die Antworten kennen, desto effektiver können Sie Marketing betreiben.

Wie finden Sie heraus, wer Ihre Zielgruppe ist und wie sie denkt? Indem Sie zunächst einmal Ihr kreatives Angebot so genau wie möglich beschreiben – am besten in nicht mehr als zwei bis zehn Sätzen. Den meisten kreativen Menschen fällt es sehr schwer, die zentrale Aussage ihrer Arbeit in knappen Worten zu erläutern. Überlegen Sie genau, welchen Nutzen Ihr Werk für wen haben könnte. Fragen Sie sich, warum Ihre Arbeit jemandem nützen sollte. Wenn Sie sich über das Warum Klarheit verschafft haben, dann ist der Sprung zum Wer in der Regel leicht zu bewältigen.

Es geht Ihnen nicht nur darum, eine kreative Leistung zu erbringen – beispielsweise ein Kunstwerk zu schaffen. Denn wenn es so wäre, könnten Sie es doch einfach verschenken. Seien Sie ehrlich: Wenn Sie verkaufen wollen, geht es Ihnen nicht nur um Ihre Kreativität, sondern darum, von ihr zu leben. Wenn Sie von Ihrer Kreativität leben wollen, müssen Sie auf die Suche nach dem Warum und der Zielgruppe gehen.

Wenn Sie nicht wissen, wer Ihre Zielgruppe sein könnte, müssen Sie mit Ihrem Angebot in der Öffentlichkeit auftreten. Achten Sie darauf, wer auf Ihr Angebot reagiert. Machen Sie sich Notizen über Ihre Begegnungen und die Kommentare, die Ihnen zu Ohren kommen. So können Sie im Lauf der Zeit erkennen, warum Ihr Angebot geschätzt wird und vor allem wer Interesse daran hat.

Sie können aber auch als Beobachter auftreten und Orte oder Events aufsuchen, die Ähnliches bieten wie das, was Sie anbieten möchten. Vergleichen Sie Ihr kreatives Angebot mit ähnlichen Angeboten auf dem Markt. Beobachten Sie, wen diese Angebote interessieren, wo sie wie, wann und unter welchen Begleitumständen angeboten und verkauft werden.

Eine weitere Möglichkeit besteht darin, Fachzeitschriften und Bücher zu lesen, die sich mit ähnlichen Themen befassen. Fachmagazine werden meist zielgruppenorientiert konzipiert und vermitteln gute Kenntnisse über Zielgruppen. Durch die Lektüre erfahren Sie auch, wie Ihre Zielgruppe die Welt wahrnimmt.

Sie kennen bestimmt die Fragebögen in Zeitschriften. Auf diese Weise erfahren die Redaktionen, wie sich ihre Zielgruppe zusammensetzt und wie sie denkt. Parteien, Konzerne, Verbände und Medienanstalten lassen ständig Verbraucherbefragungen durchführen, um herauszufinden, wie die Menschen denken, was sie wollen und wie man ihnen etwas verkaufen kann. Befragen Sie bei jeder Gelegenheit Menschen unaufdringlich zu Ihrem kreativen Angebot. Fordern Sie sie auf, sich kritisch zu äußern. Nehmen Sie ihre Kritik gelassen an, nicht alles muss stimmen. Doch in jedem Wort liegt auch ein Quentchen Wahrheit. Sie können ebenfalls Fragebögen verteilen, auslegen oder verschicken, auf denen Sie um ein Feedback zu Ihrer Arbeit bitten. Am besten funktioniert dieses System, wenn Sie den Menschen, die an der Befragung teilnehmen, ein kleines Geschenk anbieten und unter allen Einsendern eine kleine Verlosung veranstalten. Machen Sie es den Großen nach, nur in einem kleineren Rahmen und auf eine charmantere, kreativere Weise ...

Die Marketing-Grundausstattung

Der Computer

Kaum zu glauben – viele kreative Menschen haben eine regelrechte Abneigung gegen PCs, obwohl man heute keine Angst mehr zu haben braucht, damit nicht fertigzuwerden. Für die Standardanwendungen sind Computer inzwischen nahezu perfekt eingerichtet, so dass man sich sofort daran setzen und loslegen kann. Ein Computer spart einem beim Marketing jedes Jahr Wochen an Arbeitszeit. Zudem sind viele Marketingmaßnahmen ohne Computer gar nicht möglich.

Mit einem Computer kann man

- *Schreiben:* Pressearbeit, PR, Direktmailing, Plakate entwerfen, Korrespondenz, Werbung, Rechnungen. Das meiste braucht man nur einmal zu schreiben, man kann es abspeichern und bei Bedarf per Mausklick in Sekundenschnelle wieder aufrufen. Das spart viel Zeit.
- *Adressen verwalten:* Die Adressverwaltung ist das A und O der Freischaffenden. Mit einem PC geben Sie jede Adresse nur einmal ein. Sie sparen eine Menge Zeit und Geld.

- *Archivieren:* Sie können Ihre Briefe, Adressen, Bilder, Fotos, ganze Buchmanuskripte und vieles mehr auf Ihrem Rechner wie in einem virtuellen Regal lagern und auf Wunsch auf schnellstem Weg wieder auffinden und verwenden.

- *Internet:* Ohne Computer kommen Sie nicht ins Internet. Das Internet hilft Ihnen, an nahezu jede beliebige Information zu kommen, Daten und Bilder mit anderen auszutauschen, zu recherchieren, wo man etwas beziehen kann, auf welche Weise Sie zu welchem Zeitpunkt Ihr kreatives Angebot vermarkten wollen. Sie finden Kontakt zu Gleichgesinnten. Mit einer passenden Software können Sie eine eigene Webseite herstellen und ins Internet stellen – eine kostengünstige Form, um sich potenziellen Kunden vorzustellen. Mit Hilfe des Internets können Sie ein nahezu perfektes Marketing anbieten. Im Internet können Sie Preisvergleiche für Dinge anstellen, die Sie zu kaufen vorhaben: www.preistrend.de, www.evendi.de, www.guenstiger.de, www.preissuchmaschine.de.

  Sie können auch unter www.ebay.de den gewünschten Artikel eingeben und »Nur-Sofort-Kaufen« anklicken. Hier finden Sie meistens seriöse Händler, die jedes beliebige Produkt zu einem besonders günstigen Preis verkaufen.

- *Programme:* Mit einem Grafikprogramm und einem Scanner können Sie eigene Einladungen entwerfen, Ihr CD-Cover selbst layouten oder gar ein ganzes Buch druckfertig machen. Sie können beispielsweise Bilder Ihrer kreativen Leistungen archivieren, Speisekarten oder Infomaterial über die Staudenpflege entwerfen.

  Es gibt Softwareprogramme für die Steuererklärung, Software für das Zeitmanagement, für die Adressverwaltung, für die Erstellung von Rechnungen, für den Druck von Bannern, für die Archivierung von Tausenden von Fotos.

Wenn Sie sich einen Computer zulegen wollen, sollten Sie bedenken, dass die neueste und schnellste Version bei den meisten Büro-PC-Nutzern völlig überproportioniert ist. Für die gewöhnlichen Verwaltungstätigkeiten sowie den Internetbesuch brauchen Sie sich keinen Computer mit dem absoluten Leistungsmaximum zu kaufen. Das wäre ungefähr so, als würden Sie sich einen Ferrari kaufen, um einen Anhänger mit Baumaterialien durch die Gegend zu ziehen. Ein brandneuer Computer kostet mit Bildschirm und Drucker/Scanner-Kombination 2000 Euro und mehr. Den brauchen Sie nicht. Im Computerbereich fallen die Preise dramatisch schnell. Ein Rechner, der heute 2000 Euro kostet, ist in einem Jahr für 1000 Euro oder weniger zu haben. Für einen neuen Computer mit einer ausreichenden Rechengeschwindigkeit zahlt man etwa 500 bis 700 Euro. Mit Flachbildschirm und Drucker sind Sie mit 1000 Euro im Rennen. Eine gebrauchte Komplettausstattung bekommen Sie für 400 bis 500 Euro.

Wenn Sie sich über Computer und seine Anwendungen erkundigen wollen, sollten Sie Computerfachzeitschriften wie Computerbild lesen (www.computerbild.de). Sie sind übersichtlicher und verständlicher aufgebaut als die meisten Computerfachbücher. Für einzelne Programme gibt es oft Sonderhefte verschiedener Anbieter.

Die eigene Webseite

Zu den Möglichkeiten, die Ihnen ein Computer erschließt, gehört die eigene Internet- oder Webseite. Sie können bei vielen verschiedenen Anbietern eine Webseite mit eigenem Namen mieten. Kunden können diese Adresse zu Hause an ihrem Computer eingeben und gelangen dann ganz leicht auf Ihre Seite.

Auf einer Webseite können Sie Informationen über sich selbst und Ihre Arbeit hinterlegen, Galerien einrichten, Projekte beschreiben und sogar Shops aufbauen, über die Sie Ihre Angebote verkaufen. (Besuchen Sie doch mal meine Internetseite: www.david-lindner.info.)

Es gibt zahlreiche Programme im Handel, die auch dem Laien ermöglichen, eine recht ansehnliche Webseite zu erstellen. Manche Anbieter, bei denen Sie eine Seite mieten, verschicken sogar gleich kostenlose Programme mit. Der Vorteil liegt auf der Hand: Die Miete für Ihren eigenen Namen kostet Sie zwischen 1 und 10 Euro im Monat, das Programm zum Erstellen der Seite ist für den Einsteigerbedarf entweder gratis oder kostet maximal bis zu 100 Euro – einmalig. Mit einer Woche Arbeitseinsatz können Sie eine hochwertige Plattform erstellen – von einer einfachen virtuellen Visitenkarte bis zum hochwertigen Onlinekatalog. Damit sind Sie dann weltweit erreichbar! In Deutschland nutzen die meisten Menschen das Internet, eine eigene Webseite gehört inzwischen zum guten Ton.

Mit ein wenig Übung und einem guten Programm können Sie sogar Feedbacksysteme in Ihre Seite einbringen, mittels deren sich die Besucher mit Anfragen oder Grüßen eintragen können. Sie können da über Neuheiten und Events genauso berichten wie über die Hintergründe Ihrer Arbeit oder über Ihre Vita.

Denken Sie aber immer daran: Wenn Sie spirituelles Marketing machen wollen (und die Webseite kann die beste Werbung sein), müssen Sie die Bedürfnisse Ihrer virtuellen Besucher immer im Blick behalten. Was wollen sie auf Ihrer Webseite? Beherzigen Sie, dass es in erster Linie Information über Sie und Ihre Arbeit ist, die Ihrem virtuellen Gast Vorteile verschafft.

Der Newsletter

Die Möglichkeiten, die Computer und das Internet für kreative Freiberufler bieten, sind gewaltig. So können Sie über das Internet sogenannte Newsletter an Ihre Kunden und Interessenten verschicken. Per Newsletter können Sie über neue Produkte, Eventtermine oder Tipps zu Ihren Angeboten informieren, und zwar Tausende Kunden für ein paar Cent. Sie schreiben einen Newsletter nur einmal und verschicken ihn an beliebig viele E-Mail-Adressen. Billiger und aktueller geht es nicht. Die Sache hat aber einen Haken: Newsletter in Form von Werbemails kosten so gut wie nichts. Also sind die virtuellen Briefkästen der meisten regelmäßigen Internetnutzer hoffnungslos mit diesen Werbemails verstopft, die als SPAM bezeichnet werden.
Was sollten Sie bei Ihrem Newsletter beachten, damit er gerne gelesen und nicht als SPAM schon vor dem Lesen gelöscht wird?

● *Permission-Marketing:* Sie müssen unbedingt die Erlaubnis einholen, diese Info-E-Mails an die jeweiligen Personen verschicken zu dürfen. Unaufgefordertes Zusenden ist in Deutschland inzwischen strafbar.

- Jeder Newsletter sollte eine automatische Abmeldefunktion enthalten, damit der Kunde eine einmal erteilte Erlaubnis widerrufen kann.
- Newsletter sollten sich am Marketinggedanken orientieren: Was brauchen meine Kunden? Sie mögen Newsletter, die ihnen einen Vorteil verschaffen. Mit dem Newsletter kommen Informationen oder Links (Hinweise auf Internetseiten), aus denen ich für meine Arbeit oder mein Wissen Vorteil ziehen kann. Stets wird dabei die Eigenwerbung mit dem Service verbunden. Sie können natürlich auch einen reinen Termin-Newsletter versenden für Menschen, die Ihre Konzerte besuchen oder über Ihre neuen Publikationen informiert werden wollen. Kombinieren Sie sie mit kreativen Angeboten, Links, Anekdoten aus Ihrer Erfahrung und Presseberichten. Überlegen Sie, was Ihren Kunden einen Vorteil verschaffen könnte. Newsletter, die nur Sie selbst zum Inhalt haben, sind nichts als ärgerlich.

Auch für Newsletter und Mailinglisten gibt es automatisierte Programme im Handel. Sie erhalten sie auch bei vielen Internetanbietern, bei denen Sie Ihre Adresse mieten, zusammen mit dem Angebot.

Anrufbeantworter und Telefax

Neben dem Computer gehören noch zwei Geräte zur Grundausstattung für jedes Marketing: der Anrufbeantworter und das Faxgerät. Zeit ist kostbar. Wenn ich irgendwo drei- oder fünfmal anrufen muss, um jemanden zu erreichen, muss ich drei- oder fünfmal daran denken, die Telefonnummer heraussuchen, anrufen, warten bis es mindestens zehnmal geklingelt hat und wieder auflegen. Marketing heißt aber, sich an den Bedürfnissen der Kunden zu orientieren. Wenn der Kunde Sie nicht erreichen kann, ignorieren Sie seine Bedürfnisse. Dabei wäre es so einfach. Anrufbeantworter sind eine phantastische Einrichtung: Der Kunde ruft an, hinterlässt seine Nummer, und Sie können ihn später zurückrufen. In den meisten neuen Telefonen ist diese Funktion bereits integriert.

Mit Faxgeräten können Sie viel Geld sparen. Auch sie sind in Kombination mit Telefon und Anrufbeantworter zu kaufen. Per Fax können Sie schnell Informationen übermitteln oder bei anderen abrufen, Bestellungen für wenige Cent übermitteln, Wegbeschreibungen an Kunden faxen, die Sie besuchen wollen oder Anfragen entgegennehmen (Firmen schicken Anfragen fast nur noch per Fax). Ein Telefon/Telefaxkombi mit Anrufbeantworter kann man bereits für 100 bis 150 Euro bekommen.

Wenn Kunden oder solche, die es werden könnten, Anfragen an Sie richten – sei es per Brief, Telefon bzw. Anrufbeantworter, Telefax oder E-Mail, dann sollten Sie diese Anfragen beantworten. Viele Firmen tun es nicht, andere lassen sich sehr viel Zeit damit. Eine Antwort sollte spätestens binnen einer Woche erfolgen. Persönliche Anfragen schnell zu beantworten ist einfach ein Gebot der Höflichkeit. Innerhalb Europas wird von den Kunden meistens ein Feedback innerhalb von 48 Stunden nach Anfrage erwartet.

Wenn jemand bei Ihnen etwas anfragt, äußert er Interesse an Ihnen oder Ihrem Angebot. Im Sinne des Marketings ist es somit ein Affront, nicht zu antworten oder den Interessenten allzu lange warten zu lassen. Sollten Sie länger abwesend sein, so hinterlassen Sie eine entsprechende Nachricht auf Ihrem Anrufbeantworter. Auch für E-Mails lässt sich eine automatische Antwort einstellen, die darüber informiert, zu welchem Zeitpunkt Sie wieder erreichbar sind.

Unter www.im-marketing-forum.de finden Sie sowohl das Muster einer guten Webseite als auch die Option, Newsletter zum Thema Mailings zu beziehen.

Der Gesamtauftritt:
Corporate Design und Corporate Identity

Corporate Design (CD) ist einer der grundlegenden Marketingbegriffe. Er steht für ein einheitliches optisches Erscheinungsbild aller Marketing- und Werbefaktoren eines Unternehmens. Die gesamte Optik einer Firma – angefangen mit dem Briefpapier über die Visitenkarten bis hin zu Anzeigen, Firmenschildern und die gesamte Werbung überhaupt – sollte so gestaltet sein, dass ein Zusammenhang zwischen den verschiedenen Werbemedien intuitiv hergestellt werden kann. Bevor ein Kunde über das Unternehmen bewusst nachdenkt, soll er es über das Corporate Design assoziieren und einordnen können. Sinn und Zweck einer solchen einheitlichen Gestaltung ist die Erzeugung eines Wiedererkennungseffekts.

Nehmen wir an, dass ein potenzieller zukünftiger Kunde von Ihnen morgens per Post ein Mailing bekommt. Es enthält eine Einladung zu Ihrem Event in der kommenden Woche. Dann sieht der Kunde auf dem Weg zur Arbeit ein Plakat, das das gleiche Design aufweist wie Ihre Einladung. Er wirft einen kurzen Blick darauf und denkt noch einmal über Ihre Einladung nach. Wenn jemand zweimal über Sie und Ihr Angebot nachdenkt, sind Sie ein ganzes Stück weiter, ihn für Ihre Veranstaltung zu interessieren.

Das Corporate Design von Briefpapier und Plakat kann ähnlich sein durch die Wahl der Farben, der verwendeten Schriften, das Logo, eventuell verwendete Bilder oder Fotos, die grafische Gestaltung und den Stil, wie die Informationen sprachlich mitgeteilt werden. Seine Wirkung beruht auf einem Grundmuster der menschlichen Wahrnehmung. Unser Gehirn tastet unsere Umwelt ständig nach Reizen ab und ordnet unter anderem empfangene Signale nach zwei Prinzipien ein: nach dem Prinzip von Vorteil und Nachteil und dem Kriterium von Bekannt und Unbekannt. Wenn der Brief am Morgen gelesen wurde, fällt das Angebot in die Kategorie: »Ist mir bekannt«oder sogar in die Kategorie: »Der Besuch des Events könnte mir einen Vorteil verschaffen«.

Doch uns begegnen über zweitausend Werbebotschaften am Tag. Die wenigsten werden in die Kategorie »Vorteil« eingeordnet. Selbst wenn Ihr Brief dazugehört, muss er sich mit weiteren zwei oder drei Dutzend Botschaften jeden Tag den Platz teilen, und natürlich kann niemand all diesen eventuell vorteilhaften Angeboten folgen. Nun bemerkt das Gehirn auf dem Weg zur Arbeit Ihr Plakat. Wenn es im Corporate Design zum Brief gestaltet wurde, kann das Hirn es blitzschnell zuordnen: »Ist mir bekannt« und »Durchaus vorteilhaft für mich«. Wenn dies mehrmals geschieht, kommt der Werbeadressat am ehesten zu Ihrem Event.

Kreative Menschen lieben die Vielfalt und meinen oft, ihr Abwechslungsreichtum und ihre Kreativität dürfe jede Werbemaßnahme völlig neu aussehen lassen. Leider ist das eher kontraproduktiv: Sie sparen viel Zeit, wenn Sie ein Corporate Design kreieren, denn Wiederholung garantiert den Erfolg. Mit Corporate Design kommen Sie dem Bedürfnis Ihrer potenziellen sowie Ihrer bereits vorhandenen Kunden entgegen, Sie schnell wiederzuerkennen und sich an den Vorteil Ihres Angebots zu erinnern.

Ein Logo ist die Grundkonstante jedes Corporate Designs. Ein Logo beinhaltet ein Bild oder einen Namen, die Initialen eines Unternehmens oder alle drei Faktoren gleichzeitig. Das Logo sollte die Idee des Unternehmens widerspiegeln, es ist so etwas wie seine Flagge. Ein Logo ist der kleinste gemeinsame Nenner des Corporate Designs. Das heißt, selbst wenn Ihre Werbemaßnahmen doch sehr verschieden ausfallen, so sollten sie alle Ihr Logo tragen. Die weltumspannenden Konzerne haben die Präsenz ihrer Logos so weit übertrieben, dass es inzwischen eine ernstzunehmende globale »No-Logo«-Bewegung gibt, die sich gegen die Penetranz, die enorme politische Macht und die Doppelmoral großer Konzerne richtet. Denn selbstverständlich nutzen Konzerne ihre Macht zu ihrem Vorteil und gegen Umweltbelange.

Doch wir Kreativen brauchen keine Angst vor dieser Bewegung zu haben. Denn klein, kreativ und dezentral steht ja gerade eben für »No logo«. Interessanterweise gibt es kaum bildende Künstler, die ein eigenes Logo entwickeln und nutzen, während es in fast allen übrigen Branchen zum guten Ton gehört.

Corporate Identity (CI) ist eine mehrdimensionale Variante des Corporate Designs und geht mehr in die Tiefe. Die Identität eines Unternehmens setzt sich aus ihrer Gesamtperformance zusammen. Zur CI gehören Fragestellungen wie: »Wie gehe ich mit meinen Kunden um?«, »Wie gehe ich mit Kunden um, die unangenehm oder anstrengend sind?« oder »Wie gehe ich mit meinen Mitarbeitern, Kollegen, Untergebenen, Vorgesetzten, Partnern um?« Auch Fragen wie: »Wie halte ich es mit dem Umweltschutz?« oder »Nutze ich meine Möglichkeiten als Unternehmen in Sozialfragen?« gehören je nach Unternehmensart zur Bestimmung der eigenen Corporate Identity.

Wenn ich zum Beispiel als New-Age-Musiker auftrete und eine Atmosphäre von Frieden, Sanftmut und Entspannung um mich herum verbreite, zugleich aber meine Rechnungen nicht bezahle, wie ein Schlot rauche, mich von Schokolade und Bratwürstchen ernähre und meine Gastmusiker hinter der Bühne anschreie, wenn sie mir im Weg stehen, dann beschädige ich meine Corporate Identity. Plädiere ich als Grüner für den Erhalt der Umwelt, lasse aber die alten Eichen in meinem Garten fällen, damit ich die Garage für meine Autosammlung vergrößern kann, so beschädige ich meine CI.

Mahatma Gandhi wiederum hatte eine perfekte Corporate Identity. Er wollte sein Volk in die Freiheit führen, und statt in Limousinen und mit Bodyguards zu fahren und in teuren Hotels zu speisen, wanderte er zu Fuß durchs Land und lebte fast so ärmlich wie die Menschen, für deren Freiheit er kämpfte. Er war glaubwürdig, und zwar so, dass er ohne Waffengewalt ein riesiges Land gegen den Willen einer Weltmacht befreite.

Corporate Identity kann man mit Authentizität übersetzen. Ihr Handeln und Ihre Umgangsformen sollten Ihrer Unternehmensidee angemessen sein. Eine schlechte CI lieferte der Chef der Deutschen Bahn, als er einmal kundtat, dass er auf langen Strecken nicht gern mit der Bahn fährt – mit einer solchen

Äußerung kostet der Chef das Unternehmen bei weitem mehr Authentizität, als eine Legion geschickter Werbestrategen schaffen kann.

Diejenigen, die von Ihrer Kreativität erfolgreich leben, betreiben Corporate Identity meist nahezu perfekt aus dem Bauch heraus. Ein Kreativer, der von sich und seiner Arbeit begeistert ist – eine hervorragende Corporate Identity! Zur CI eines kreativen Freiberuflers gehört zudem eine grundsätzliche Lebensfreude und Kreativität auch im Umgang mit Problemen. Offenheit ist unabdingbar, denn Kreativität funktioniert nur gut, wenn man für andere Menschen offen ist. Flexibilität, Spontaneität und ein gewisses Maß an Humor passen gut zu jeglicher Art von kreativen Berufen.

Gehen Sie die Dinge entspannt an. Lachen Sie auch mal über Ihre eigenen verrückten Ideen. Es gibt keine CI, zu der das nicht passen würde!

Adressmanagement,
Direktmailing
und Anzeigenwerbung

Adressen sammeln, kaufen, pflegen

Adressen von Menschen, die an Ihrer Arbeit, Ihren Produkten interessiert sind, sind Gold wert. Denn solche Adressen helfen Ihnen, zu potenziellen Kunden Kontakt zu halten. Sie können sie mit Informationen, Angeboten oder Einladungen versorgen.

Lassen Sie keine Gelegenheit aus, auf Ihren Veranstaltungen ein großes Album auszulegen mit dem Hinweis: »Wenn Sie über Veranstaltungen (Konzerte, Ausstellungen, neue Produkte, Aktionswochen) informiert werden möchten, tragen Sie sich in meinen Verteiler ein.«

Eine neue Adresse kostet laut Statistik durchschnittlich 125 Euro. Das heißt, ein Unternehmen in Deutschland muss rund 125 Euro in Werbung investieren, um einen neuen Kunden zu erhalten! Sammeln Sie die Adressen aller Menschen, mit denen Sie persönlich zu tun haben – Kunden, Lieferanten, Freunde, Interessierte und Empfehlungen.

Über Adressverlage bekommen Sie Adressen nach geradezu erstaunlichen Kriterien gefiltert. Zum Beispiel: Kunstinteressierte mit mehr als einer Million Euro Jahreseinkommen.

Kunstinteressierte mit mehr als einer Million Euro Jahreseinkommen und Fahrer schneller und teurer Autos. Was bringt
Ihnen eine solche Selektion?

Stellen Sie sich vor, Sie malen moderne Kunst mit Motiven
schneller Autos. Es würde sich wahrscheinlich lohnen, diese
Adresse zu kaufen.

Es empfiehlt sich, die Kataloge eines Adressverlages genau zu
studieren. Leider muss man meistens einen ganzen Stamm
Adressen kaufen. Je genauer Sie selektieren, desto teurer wird
die einzelne Adresse.

Es gibt zwei Möglichkeiten, Adressen zu kaufen:

1. Sie kaufen die Adresse für ein einzelnes Mailing. Das heißt,
   Sie dürfen die Adresse nur einmal verwenden. Halten Sie
   sich daran! Die Adressverlage mischen unter die gekauften Adressen immer Prüfadressen. Sollten Sie die Adressen
   ein zweites Mal benutzen, wird das teuer! Wenn ein von
   Ihnen angeschriebener Kunde auf Ihre Werbung antwortet,
   können Sie selbstverständlich seine Adresse weiterverwen-
   den.

2. Sie kaufen die Adressen für mehrfache oder unbegrenzte
   Nutzung. Sie sind dann dementsprechend teurer. In diesem
   Fall lohnt es sich, genau zu kalkulieren: Wenn ein möglicher Kunde auf eine erste Werbung nicht reagiert, heißt das
   nicht, dass er kein Interesse hat. Es kann bis zu zwei Jahre
   dauern, bis der Kunde, der regelmäßig von Ihnen informiert
   wird, tatsächlich einmal auftaucht.

Adressen zu kaufen lohnt sich unbedingt nur, wenn Sie Ihre
Zielgruppe genau kennen und schon Erfahrung mit kleineren

Mailings und ihrem Erfolg hatten, für Experimente ist der Spaß zu teuer.

Billiger und erfolgversprechender als gekaufte Adressen sind natürlich solche, die Sie bei Ihrer Veranstaltung oder in Ihrem Geschäft sammeln, denn das sind Adressen von Menschen, die einen persönlichen Bezug zu Ihnen als Absender haben. Man spricht dann von »warmen Adressen«. »Heiße Adressen« sind die von Kunden, die sogar schon Geld für Ihre Leistungen investiert haben.

Mit »warmen« und »heißen« Adressen sollten Sie anders umgehen als mit »kalten« Adressen, also von Menschen, die Sie noch nicht persönlich kennen. Ihnen bekannte Menschen können Sie in Werbebriefen gezielter und persönlicher ansprechen. Immerhin haben sie Ihnen und Ihrer Arbeit bereits Interesse oder gar Vertrauen entgegengebracht.

Auf dem Markt gibt es Adressmanagement-Software in allen Preisklassen. Sie erleichtern Ihnen die Arbeit ungemein. Wenn Sie Zeit und Lust haben, können Sie sich aber mit Standardprogrammen wie ACCESS oder EXCEL auch selbst eine Adressverwaltung basteln, die Ihren Bedürfnissen genau entspricht. Zum Standard gehören:

* Name und volle Anschrift der Person
* Telefon- und Telefaxnummer
* E-Mail-Adresse
* Geburtsdatum, wenn möglich
* Ein Bereich, in dem Sie Daten über den Kontaktverlauf, bereits getätigte Käufe mit Datum oder persönliche Vorlieben der Person unterbringen, ist hilfreich.

Die letzten beiden Punkte ermöglichen eine persönliche Kundenpflege: An Geburtstagen können Sie Glückwünsche verschicken, das kommt gut an. Der Kontaktverlauf klärt Sie darüber auf, dass ein Kunde, der vor zwei Jahren etwas bei Ihnen gekauft hat, seitdem nicht mehr bei Ihnen war. Vielleicht rufen Sie ihn mal an oder schicken ihm eine besondere Einladung, um den Kontakt neu zu beleben. Sammelt Ihr Kunde Motorräder? Wenn Sie ihn das nächste Mal anrufen, können Sie gezielt nach seiner Sammlung fragen, das freut ihn. Trinkt Ihr Kunde gern einen speziellen Wein? Wenn Sie ihn nach zwei Jahren einladen, könnten Sie ein paar Flaschen von diesem Wein auf Lager haben.

Das Sammeln der Adressen mittels Software birgt weitere Optionen:

- Die Software kann sich melden, wenn Termine wie beispielsweise Geburtstage anstehen.
- Sie können die Adressen nach beliebigen Kriterien ordnen. Sind Sie Musiker? Ordnen Sie die Adressen nach: Kunden, die an Musikunterricht interessiert sind, Kunden, die an Instrumenten interessiert sind – Kunden, die an Konzerten interessiert sind. Wenn Sie ein Mailing machen, sparen Sie so Geld. Wenn ein Kunde nur an Unterricht, aber kein Interesse an Instrumenten hat, warum sollten Sie ihm ein Mailing schicken, wenn neue Ware eingetroffen ist?
- Die Adressen lassen sich auf Etiketten oder Umschläge drucken.
- Mit einiger Übung können Sie Briefe personalisieren. Das heißt, der Brief sieht bei allen Kunden gleich aus, nur an einer oder mehreren Stellen druckt das Programm den Na-

men des jeweiligen Kunden an die vorbestimmte Stelle, damit wirkt das Schreiben persönlicher.

- Digital gespeicherte Adressen lassen sich beim Umzug des Adressaten leicht aktualisieren, ungültig gewordene Adressen löschen.

Adressen pflegen bedeutet nicht nur, sie aktuell zu halten und mit hilfreichen Begleitinformationen zu versehen. Sie sollten sich in regelmäßigen Abständen bei den Menschen, deren Adresse Ihnen vorliegt, melden. Wenn Sie eine einzige Ausstellung im Jahr machen, reicht womöglich eine Aussendung. Wenn Sie als Koch ein Restaurant führen, können Sie jeweils zur Saisonküche einladen oder den Kunden ein feines Kochrezept schicken.

Statt viel Geld und Zeit in Neukundenwerbung zu investieren, ist es effektiver und kostengünstiger, die bestehende Kundschaft zu pflegen. Neukundenwerbung und Kundenpflege kann man persönlich und mit wenig Geldaufwand über Direktmailings betreiben.

Ein Direktmailing ist eine Postaussendung mit gleichen oder sehr ähnlichen Informationen an einen ausgewählten Personenkreis. Wenn Sie zum Beispiel einmal im Jahr einen Gedichtband veröffentlichen und 150 Adressen von Literaturbegeisterten in Ihrer Adressdatei haben, schicken Sie diesen 150 Adressaten einmal im Jahr einen Brief mit den nötigen Informationen über Ihr neues Buch, über die Bezugsmöglichkeiten und über Sie. Das heißt, Ihre Mailingaktion richtet sich direkt an einen speziellen Personenkreis.

Die Anzeige in einer Zeitschrift ist so etwas wie das Gegenteil des Direktmailings. Sie ist wie Angeln: Sie werfen einen Köder aus in der Hoffnung, dass ein Fisch anbeißt. Das Direktmailing ist eher wie Fischjagen mit dem Fischspeer: Sie suchen sich eine passende Stelle am Ufer, warten auf einen Fisch, der Ihnen schmecken könnte, und tun Ihr Bestes, um ihn an Land zu holen.

Mailings sind ein wunderbares und verhältnismäßig kostengünstiges Mittel der Direktwerbung, denn Sie können ein Mailing recht genau auf die Bedürfnisse der Empfänger abstimmen, da es sich in sehr kleinen Einheiten versenden lässt. Das ist eine hervorragende Methode, um als Freiberufler und Kreativer mit Kunden Kontakt zu halten oder neue Kontakte zu knüpfen. Denn die Vorteile liegen auf der Hand:

* Sie können noch heute Ihr erstes Mailing starten. Für den Anfang genügen ein paar Grundregeln.
* Die Werbebriefe, die fast jeder von uns bekommt, sind Mailings. Sammeln Sie sie, vergleichen Sie sie miteinander, analysieren Sie sie, schauen Sie, welche Ihnen gefallen und welche nicht.
* Ein Mailing ist kostengünstig.
* Die Computertechnik erlaubt es schon dem Anfänger, ein passables Mailing zu erstellen.
* Fast jede Bürosoftware wie *Word* verfügt über personalisierte Serienbrieffunktionen. Man kann Mailings für kleinste Personenkreise machen. Zu einer Ausstellung können Sie zum Beispiel drei Personenkreise mit verschiedenen Interessenschwerpunkten einladen: Der Computer ermöglicht es Ihnen, die Texte so anzupassen, dass sie zu Ihren verschiedenen Gästen passen.
* Mit einem Mailing können Sie zielgenau werben. Das heißt,

Sie lassen nur denen ein Werbemailing zukommen, die wahrscheinlich Interesse an den enthaltenen Informationen haben.

Ein Mailing kann aus einem ein bis zwei Seiten langen Brief in einem Briefumschlag, aus einer Postkarte, aus einem Katalog oder aus einem pfiffigen kleinen Geschenk bestehen. Es unterscheidet sich von einem gewöhnlichen Brief dadurch, dass Briefe desselben Inhalts mit einem klar definierten Ziel an viele Adressen verschickt werden, um Menschen zu einer Handlung zu bewegen (zu Ihrer Geschäftseröffnung zu kommen oder Ihre neue CD zu bestellen). Es kann auch zur Imagepflege dienen, indem Sie zum Beispiel zu Weihnachten ein Mailing mit einem kleinen Weihnachtsmann aus Schokolade versenden. Sie können auch eine Demo-CD in Form eines Mailings verschicken.

Bei einem Mailing sollten Sie Folgendes beachten:

1. Der Name des Empfängers auf dem Umschlag sollte richtig geschrieben sein.
2. Auf dem Umschlag sollte der Absender deutlich zu lesen sein. Sie können auch dezent ein Logo oder einen Slogan darauf plazieren. Ein Empfänger entscheidet in Sekundenschnelle, ob er einen Umschlag überhaupt öffnet. Wenn er ihn öffnet, dann entscheidet die Aufmachung des Umschlags unter Umständen, ob er mit Neugier, freudiger Erwartung oder mit Verdruss geöffnet wird.
3. Die Art und Weise, wie das menschliche Auge einen Brief anschaut, ist erforscht worden. Es gibt sehr hilfreiche Tipps, wie Sie ein Mailing gestalten sollten. Sehen Sie sich einfach

Werbemailings an, die Ihnen von der Gestaltung her gefallen, und kopieren Sie ihren Aufbau.

Ein Mailing sollte folgende Merkmale aufweisen:

- Briefkopf: Wer ist der Absender?
- Das aktuelle Datum: Sind die in dem Brief enthaltenen Informationen noch gültig?
- Übersichtlichkeit: Findet man sich schnell in dem Schreiben zurecht?
- Klare Aussagen: Was will der Absender mir mitteilen?
- Keine langen Absätze: Kann man die Informationen mühelos aufnehmen?
- Unterschrift und getippter Name darunter: Wer hat den Text geschrieben?
- Ein kurzes PS mit Hervorhebung eines Vorteils für den Kunden: Da ist noch etwas besonders wichtig! Es lohnt sich doch, den ganzen Brief zu lesen.
- Handlungsaufforderung: Was will der Absender von mir? Bestellen Sie! Kaufen Sie! Kommen Sie vorbei. Informieren Sie sich genauer.

4. Als Erstes sollten Sie sich überlegen, wie Sie Ihrem Gegenüber einen Vorteil verschaffen können. Danach sucht der Leser Ihres Mailings. Wenn Sie zehn Mailings für Kunstausstellungen pro Monat bekommen, werden Sie die Ausstellung besuchen, von der Sie sich den größtmöglichen Vorteil erhoffen. Dieser ist für jeden Menschen anders, deshalb sollten Sie sich möglichst zielgruppenrelevant vorstellen. Je besser Sie sich und Ihre Adressaten kennen, desto besser können Sie Mailings gestalten.

5. Vermitteln Sie dem Empfänger das Gefühl, dass es um ihn geht, nicht um Sie. Bemühen Sie sich ernsthaft darum, Ih-

rem potenziellen Kunden etwas Gutes anzutun, statt nur seine Geldbörse als Ziel zu wählen.

6. Statt zu oft »Ich« zu schreiben, sollten Sie versuchen, »Sie«, »Ihr« oder »Du« zu schreiben. In einem guten Mailing geht es in erster Linie darum, dass der Adressat den Vorteil erkennt, zu Ihnen zu kommen, Ihr Werk zu begutachten, Ihre Suppe zu kaufen, Ihre Musik zu hören.

Direktmailings sind ein verhältnismäßig günstiges Werbemedium. Es fallen an:

* Portokosten (zwischen 0,25 und 0,55 Cent für Infobrief, Infopost oder Standardbrief).
* Umschläge (bei Bürobedarf-Versendern bekommen Sie 1000 Standardbriefumschläge für 15 bis 25 Euro).
* Druckkosten oder Papier- und Druckerkosten für den Brief.
* Bei gekauften Adressen: Der Preis für die Beschaffung der Adresse.
* Die Kosten für das Konfektionieren (Falzen und Eintüten des Schreibens, Adressieren, Briefmarkenkleben). Wenn Sie große Mengen oder regelmäßig Mailings verschicken, lohnt es sich, nach einem Mailingservice Ausschau zu halten. Viele Copy-Shops bieten diesen Dienst an. Es kostet nur ein paar Cent pro Brief. Die meisten Aufgaben werden von Maschinen durchgeführt, die einige Hundert Mailings in einer Stunde verarbeiten können.

So kommen Sie bei einem Briefmailing je nach Aufwand und Umfang der Aussendungen auf circa 60 Cent bis 1,50 Euro pro Kundenkontakt, bei hohen Auflagen, einem Brief in Schwarzweiß und Versendung per Infopost auch auf weniger als 50 Cent.

Wie aufwendig Sie ein Mailing gestalten, hängt davon ab, was Sie Ihren Kunden anbieten wollen. Laden Sie 1000 allgemein Kunstinteressierte ein, die Sie noch nicht kennen, wäre es nicht sinnvoll, 6000 Euro zu investieren. Wenn Sie dagegen zehn Sammler Ihrer Werke einladen, die regelmäßig bei Ihnen einkaufen, dann darf das Mailing pro Sammler ruhig 20 Euro kosten. Mit 20 Euro kann man eine Menge anstellen. Sie können zu Weihnachten eine Kiste edler Weine an die Käufer Ihrer Bilder versenden, oder Sie laden einen tollen Musiker zu einem exklusiven Konzert in Ihr Atelier und vergeben VIP-Karten an Ihre besten Kunden. Manchmal ist ein handgeschriebener Geburtstagsgruß mit einem persönlichen Satz mehr wert als ein Hochglanzprospekt.

Je teurer Ihre Produkte sind, desto mehr können Sie für Mailings ausgeben. Wenn Sie also Originalkunst verkaufen, sind die Kosten einfach zu kalkulieren. Wenn Sie dagegen Schriftsteller sind und zu Hauslesungen einladen, die Sie über den Verkauf Ihrer Bücher finanzieren, dann ist das Mailing sparsamer einzusetzen.

Mailing kann zu einem Suchtfaktor werden. Zwischen 1000 und 4000 Werbebotschaften prasseln jeden Tag auf uns ein. Unterbewusst nehmen wir sie durchaus wahr. Zu innerer Ruhe und Harmonie führen die meisten gewiss nicht.

Gute Mailings können so gestaltet sein, dass der Empfänger sich über sie freut wie über eine abonnierte Lieblingszeitschrift. Für den Einsteiger ist es allerdings schwierig, freudige Reaktionen bei den Empfängern auszulösen. Zumal Freude über Ihre Post noch lange nicht heißt, dass der Empfänger auch reagiert!

Sowohl viele junge kreative Freiberufler als auch Firmen senden nur ein- oder zweimal Post an ihre Kunden. Erfolgt dann keine Reaktion, stellen sie die Zusendung ein. Das sollten Sie nie tun, außer ein Kunde wünscht es ausdrücklich.

Sie sollten stets nur von den Kosten des einzelnen Kundenkontakts ausgehen und nicht von denen für die Gesamtaktion. Was verlangen Sie für eine Dienstleistung? Etwa 80 Euro? Ein gutes Mailing kostet etwa 3 Euro. Lassen Sie nicht locker! Sie können Ihrem Kunden vier Jahre lang viermal im Jahr ein Mailing schicken und haben immer noch 32 Euro übrig, wenn der Kunde zu Ihnen in die Praxis kommt. Gute Mailingkampagnen richten sich nach dem Wert des einzelnen Kunden.

Direktmailing-Aktionen bedürfen drei aufeinander abgestimmter Zusendungen innerhalb eines kurzen Zeitraums. Nur das bringt die höchste Erfolgsquote! Ein Mailing ist kein Mailing! Wann haben Sie das letzte Mal spontan auf eine einmalige Werbepost reagiert? Geben Sie den Menschen die Chance, sich zu entscheiden, versorgen Sie sie mindestens zwei Jahre lang mit Ihren Einladungen. Ein Kunde soll Ihr Buch für 15 Euro kaufen? Dann darf er auch dreimal für insgesamt 5 Euro Post von Ihnen bekommen. Wenn Sie nichts an dem einzelnen Buch verdienen, rechnen Sie zu kurzfristig. Zufriedene Leser kaufen zum Verschenken nach und empfehlen Ihr Buch weiter. Vielleicht kaufen sie Ihr nächstes Buch bereits nach einem Mailing. Beim Werben und beim Direktmailing gilt es, langfristig zu denken. Der Kunde ist nicht nur ein Käufer, sondern auch der Mensch, den Sie umwerben, um seiner Freundschaft willen. Darum verschicken Sie ruhig mehr Mailings.

Um neue Kunden zu gewinnen, sie also dazu zu bewegen, Ihnen die Genehmigung zu erteilen, ihnen Informationen zu schicken, empfiehlt sich das »Permission-Marketing«, das »Erlaubnis-Marketing«.

Das Permission-Konzept entstand, weil immer mehr Werbung in Briefform und als SPAM-E-Mails sowohl die realen als auch die virtuellen Briefkästen verstopft. Ist der Kunde über unverlangte Werbung verärgert, so kann er das Angebot unbesehen ablehnen, weil ihn Werbung nervt. Wie wäre es aber, wenn der Kunde sich auf die Werbung freut und die Informationen so daherkommen, dass er Ihnen erlaubt, ihn mit Informationsmaterial zu versorgen? Künstler haben einen Riesenvorteil gegenüber Firmen und Konzernen, denn die meisten Kunden erlauben ihnen ausdrücklich, sie mit kostenlosen Informationen über ihre Arbeit zu versorgen. Konzerne müssen hingegen mit Verlosungen, Präsenten oder Prämien locken.

Alle kreativ Schaffenden können mit kleinen Aufmerksamkeiten locken: Wer Ihre Dienstleistung als Gärtner buchen soll, kann ein Tütchen mit Blumensamen oder einen Tipp für den grünen Daumen bekommen. Künstler können winzige Malereien mit ihrem Mailing verschicken. Bands senden eine Demo-CD mit einem Songausschnitt von der beworbenen neuen CD. Es gibt Tausende von Ideen, wie Sie sich das Wohlwollen der Kunden und ihre ausdrückliche Informationserlaubnis sichern können.

Die Deutsche Post verfügt über ein attraktives Versandangebot: Sie können fünfzig Briefe mit identischem Inhalt als Infobrief verschicken und dabei rund 15 Cent pro Brief sparen. Ein weiteres Angebot ist die Infopost mit folgenden Mindestmengen: entweder 4000 Sendungen bundesweit oder 250 Sendungen für dieselbe Postleitregion oder 50 Sendungen für den Leitbereich. Pro Infopost zahlen Sie nur noch 25 Cent. Man hat allerdings herausgefunden, dass die meisten Menschen Briefe, die mit einem Stempel statt einer Briefmarke versehen sind sofort als Werbung identifizieren und entweder gar nicht, verspätet oder mit Misstrauen öffnen. Sie können diesem negativen Gefühl, das den Erfolg des Mailings verhindert, vorbeugen, indem Sie den Umschlag auffällig gestalten. Die Adressaten müssen schon beim Leeren des Briefkastens auf Ihren Brief aufmerksam werden. Ein schönes Logo oder ein Spruch »neutralisiert« den Stempel und macht den Adressaten sogar neugierig.

Lassen Sie sich von Ihrer nächsten Postfiliale Informationsprospekte über Infopost und Infobrief geben. Diese Angebote können Sie auch im Internet unter www.deutschepost.de finden.

Anzeigenwerbung

Klassische Anzeigen nennt man die Werbung in Magazinen, Zeitschriften und Tageszeitungen, die der Auftraggeber selbst oder ein Grafiker gestaltet. Sie sind in der Regel sündhaft teuer. Der Preis ist abhängig von:

a) der Auflage der Zeitung oder Zeitschrift – je höher die Auflage, desto höher der Preis;

b) der Zuordnung des Publikationsorgans – Fachzeitschriften sind teurer als nicht spezifische Magazine;

c) dem Status der Leser – eine Anzeige in einer Zeitschrift für Yachtensammler ist teurer als in einem Fan-Magazin für Überraschungsei-Gimmicks-Sammler.

Eine Werbeseite in einer Tageszeitung oder einer Zeitschrift mit einer Auflage von 10 000 bis 50 000 Exemplaren kostet schon zwischen 2000 und 5000 Euro, in größeren Blättern an die 100 00 Euro. Seien Sie darum vorsichtig mit Anzeigen. Im Zweifelsfall schalten Sie keine Anzeigen, wenn Sie nicht viel Geld übrig haben.

Zugegeben, es ist sehr verführerisch in einem Magazin mit einer Auflage von 50 000 Exemplaren für sich zu werben. In den Mediadaten – sie geben Aufschluss über Auflage, Kunden, Verteilung, Themen, Anzeigenformate einer Zeitung oder Zeitschrift – ist sogar von 75 000 Lesern die Rede. Der junge Kreative meint, 75 000 Menschen mit einer Anzeige zu erreichen. Aber weit gefehlt.

Bei fast jeder Werbemaßnahme gibt es Streuverluste. Klassische Anzeigen haben gewaltige Streuverluste: Von 75 000 Lesern einer Tageszeitung interessiert sich nur ein geringer Prozentsatz für Kunst. Von diesem geringen Prozentsatz mögen einige Gemälde alter Meister, andere Skulpturen und wiederum andere moderne Malerei. Sie malen modern. Jetzt sind nur noch deutlich weniger als 10 Prozent der 75 000 Leser an Ihrem Angebot theoretisch interessiert.

Nun konkurrieren in jeder größeren Zeitung mehrere hundert Anzeigen um die Gunst des Lesers. Der Leser aber hat die Zeitung in der Regel nicht wegen der Anzeigen gekauft. Viele Leser fühlen sich durch Anzeigen sogar eher gestört. Also, von den deutlich unter 10 Prozent reagieren viele überhaupt nicht auf Anzeigen. Und viele übersehen einfach Ihre Anzeige, selbst wenn Sie eine ganze, sehr teure Seite buchen und eine auffällige Gestaltung wählen.

Einer Grundregel zufolge muss eine Anzeige siebenmal erscheinen, um eine optimale Reaktion beim Leser zu erzeugen. Das heißt, Sie müssen siebenmal in Ihrer lokalen Tageszeitung inserieren oder in einer Fachzeitschrift, die der Leser bis zu siebenmal durchblättert. Das wird aber teuer!

Es gibt aber auch weitere Streufaktoren. Medienforscher sagen, dass eine durchschnittliche Werbeanzeige eine Leserreaktion in Promillegröße bringt. Von 75 000 Lesern reagieren zwanzig bis fünfundsiebzig Leser auf Ihre Anzeige. Wenn Sie in der Tageszeitung eine ganze Seite buchen, kostet es Sie vielleicht 4000 Euro. Wenn dann tatsächlich fünfzig Menschen zu einer Ausstellung kämen und nur zwei würden ein Bild im Wert von je 4000 Euro kaufen, wäre das ein Erfolg.

Und es wäre ein Glücksfall. Denn eine Anzeige professionell auf das Zielpublikum zuzuschneiden ist eine große Kunst. Anders verhält es sich jedoch, wenn Sie genug Geld zur Verfügung haben, um regelmäßig und mit Wiedererkennungseffekt zu werben. Dann graben sich Ihr Name, Ihr Logo, Ihre Adresse ins Unterbewusstsein des Lesers ein. Selbst wenn er nicht spontan auf Ihre Anzeige reagiert, so weiß er, an wen er sich wenden muss, wenn er das Produkt, das Sie anbieten, erwerben möchte. Kreative Menschen lieben ihre Arbeit und sind oft von ihr sehr überzeugt. Daher hegen sie die Illusion, es müsse sehr viele Menschen geben, die genauso fühlen und denken wie sie. Selbst wenn es so ist, lesen aber diese vielen Menschen nicht gerade die Tageszeitung, in der Sie inserieren.

Anzeigen lohnen sich nur, wenn sie professionell auf Kunde, Markt und Medium abgestimmt sind und mehrmals wiederholt werden. Widerstehen Sie der Versuchung zu inserieren, und Sie sparen eine Menge Geld. Die Empfehlung, auf Werbung in Printmedien zu verzichten, finden Sie in allen seriösen Büchern über Werbung für Kleinunternehmen. Es gibt billigere und effizientere Werbemethoden, als Anzeigen zu schalten.

Wenn Sie dennoch Anzeigen schalten, dann achten Sie auf einen geringen Streuverlust: Wähle Sie nur Printmedien, die sich mit dem Thema Ihrer Tätigkeit befassen. Als Gitarrenbauer exklusiver Gitarren in der Tageszeitung zu werben ist Geldverschwendung, denn nur wenige Leser interessieren sich für Gitarren. Wenn Sie in einer Fachzeitschrift für Gitarren werben oder gar in einem Magazin für Sammler exklusiver Gitarren, dann haben Sie einen geringeren Streuverlust. Eine Anzeige sollte in drei bis sieben aufeinanderfolgenden Ausgaben erscheinen, um wahrgenommen zu werden.

Die durchschnittliche Verweildauer des Lesers auf einer Anzeigenseite beträgt zwischen drei und vier Sekunden. Eine Anzeige in der Größe einer Sechzehntel- oder einer Viertelseite wird leicht übersehen. Darum investieren Werbeprofis lieber ein- bis zweimal in eine ganze Seite. Eine Anzeige sollte übersichtlich sein und innerhalb von Sekunden offenbaren, worum es Ihnen geht, was Sie anzubieten haben.

Eine Anzeige sollte nicht verklausuliert sein, außer Sie können sich eine Werbekampagne leisten, die sich über Wochen und Monate erstreckt. Bedenken Sie: Die Anzeige muss dem Leser innerhalb von vier Sekunden signalisieren, worum es geht. Dann bleibt der Leser eventuell an ihr hängen. Erkennt der Leser nicht auf Anhieb, worum es geht, dann blättert er weiter.

Verbinden Sie Ihre Anzeige mit einem Responsemedium, zum Beispiel einem Abschnitt, mit dem der Leser bei Ihnen bestellen oder weitere Informationen anfordern kann – mit einem Bon für eine Ermäßigung oder einen Drink oder mit einer Karte für eine Verlosung. Anhand des Rücklaufs können Sie sehen, was die Anzeige Ihnen einbringt.

Es gibt auch Anzeigen, die nur zur Imagepflege geschaltet werden. So kann beispielsweise ein Grafiker eine Anzeige schalten, auf der sein Name steht und darunter: 1. Preisträger des internationalen Designerpreises »Die goldene Werbekugel«. Unten in der Ecke stehen noch seine Kontaktdaten. Das wirkt aber nur, wenn die Anzeige halb- oder ganzseitig ist und von Lesern wahrgenommen wird, die sich für Grafikerleistungen interessieren. Wenn die Anzeige in *Ein Herz für Tiere* erscheint, kann der Grafiker sie ruhig siebenmal wiederholen – ohne Erfolg.

Imageanzeigen sind zudem schwierig zu gestalten. Sie wirken oft überheblich und können potenzielle Kunden möglicherweise abschrecken.

Gute Pressearbeit ist viel billiger als Anzeigen und wirkt stets seriöser. Anzeigengestaltung ist eine Kunst, in der auch die Profis der Branche regelmäßig scheitern.

Presse- und Öffentlichkeitsarbeit

Unter Pressearbeit ist die Zusammenarbeit mit den Printmedien zu verstehen – mit Tageszeitungen, Wochenzeitungen, Zeitschriften, Vereinsblättern und Fachmagazinen. Pressearbeit wird von vielen Künstlern und Freiberuflern leider vernachlässigt. Pressearbeit ist kostenlose Werbung und kann oft größere Erfolge verbuchen als eine Anzeigenkampagne.

Der Wirkungsgrad einer Anzeige ist, wie bereits dargelegt, fraglich und für die meisten jungen kreativ Schaffenden schier unbezahlbar. Ein Zeitungsbericht über Ihre Arbeit kostet Sie einige Stunden Aufwand, einige spannende Kontakte oder ein wenig Schreibarbeit und Porto. Eine Werbeanzeige wird von nur wenigen Lesern beachtet, außerdem nur, wenn sie besonders markant ist. Einen Artikel lesen viele Zeitungskäufer. Man weiß, dass Anzeigen nie die Wahrheit verkünden und geschaltet werden, um den Geldbeutel der Konsumenten zu leeren.

Zeitungsartikeln trauen die meisten Menschen meistens einen hohen Wahrheits- und Objektivitätsgehalt zu. Steht in einer Anzeige, dass Ihre Arbeit großartig ist, so weiß jeder, dass es Ihre eigene Einschätzung ist, da Sie die Anzeige geschaltet haben. Steht in einem Zeitungsartikel, dass Ihre Arbeit beeindruckend ist, so kommt es vielen glaubwürdiger vor. Dem gedruckten Wort wird erstaunlich viel Wert beigemessen. Ein Bericht über Sie ist um ein Vielfaches mehr wert als eine Anzeige.

Die Wahl der Printmedien

Sie haben sich bereits Gedanken über die Zielgruppe Ihrer kreativen Arbeit gemacht. Nun sollten Sie auch für die Pressearbeit Zielgruppenfindung betreiben. Es gilt, Presseorgane zu finden, für die Ihre Tätigkeit interessant sein könnte und die wirklich etwas über Sie und Ihr Schaffen zu schreiben bereit sind.

Welche Zeitschriften dafür in Frage kommen, erfahren Sie, indem Sie eine breite Auswahl kaufen, gründlich durchsehen und herausfinden, ob sie das geeignete Medium für die Informationen sind, die Sie anbieten wollen. Dieser Vorgang ist natürlich viel zeitaufwendiger, als einfach die Anschriften einiger Printmedien aus dem Telefonbuch herauszusuchen und an diese blind Ihre Präsentationsmappe zu versenden. Doch der Aufwand zahlt sich schnell aus. Der Zeitaufwand mag zwar höher sein, doch lohnt es sich auf jeden Fall, zielgerichtet zu arbeiten, anstatt für viel Geld in die Breite zu streuen.

Was ist für Sie sinnvoller:

* die lokale Presse, das heißt wöchentlich erscheinende Werbeblätter mit redaktionellem Teil und wöchentlich oder monatlich erscheinende Veranstaltungsmagazine von allgemeinem Interesse mit lokaler Ausrichtung oder

- die überregionale Presse wie der *Spiegel, die Frankfurter Allgemeine Zeitung,* die *Süddeutsche Zeitung* oder *Bild* sowie Fachmagazine oder Vereinszeitschriften, die bundesweite Verteilung finden.

Die lokale Presse berichtet auch immer über lokale Ereignisse. In einer Kleinstadt wird in der Tageszeitung über jede Ausstellung informiert, selbst wenn der Künstler noch nicht etabliert ist. Über die Ausstellung des VHS-Malkurses wird oft kaum weniger umfangreich berichtet als über die Ausstellung von jungen Künstlern, die schon beträchtliche Erfolge außerhalb der Stadtgrenzen vorzuweisen haben.

Wie die jeweilige lokale Presse sich eines Ereignisses redaktionell annimmt, variiert von Blatt zu Blatt und von Ort zu Ort. Sie können das nur herausfinden, indem Sie die Zeitungen genau studieren, oder indem Sie zur Redaktion direkten Kontakt aufnehmen und sich erkundigen, ob Ihr Thema für sie interessant ist. Manche Lokalblätter bringen über Ausstellungen oder Firmengründungen nur Kurzmeldungen, andere widmen dem Ereignis schon mal eine halbe oder eine ganze Seite.

Die Wirkung regionaler Medienberichte ist nicht zu unterschätzen. Infolge eines guten Artikels in einer Lokalzeitung mit einer Auflage von 10 000 Exemplaren können Sie eine größere Resonanz erleben als durch einen ähnlichen Bericht in einem überregionalen Blatt mit einer Auflage von 100 000 Exemplaren.

Der Regionalteil einer Lokalzeitung wird unter Umständen von weit über 50 Prozent seiner 10 000 Leser genau gelesen, weil sie sich für die Ereignisse vor Ort interessieren. Über Ihr Event lesen also womöglich 5000 Menschen. In einer überregionalen Zeitung mit 100 000 Lesern taucht Ihr Event neben einem Dutzend anderer hochkarätiger Veranstaltungen auf. Außerdem ist Ihr Event für die meisten Leser viel zu weit entfernt, um es eventuell zu besuchen. Für viele Leser überregionaler Zeitungen sind die Rubriken Politik und Wirtschaft oft wichtiger als der Kulturteil. Es kann durchaus sein, dass Sie von den 100 000 Lesern nicht einmal 1000 Leser erreichen.

Dennoch sind Berichte in überregionalen Medien natürlich sehr vorteilhaft für Sie und Ihre Presse- und Bewerbungsmappen. Wenn in Ihrer Pressemappe Kopien von Artikeln aus großen Tageszeitungen oder bekannten Magazinen liegen, sind Sie gleich im Vorteil. Berichte in größeren Medien tragen zu Ihrem Image mehr bei als Berichte in der Lokalpresse – es sei denn, Ihr Angebot zielt nur auf lokale Märkte.

Lokale Medien sorgen für die Information vieler Menschen am Ort des Geschehens. Potenzielle neue Leser, Galeristen, Sammler und Kunden aller Couleur wohnen nicht nur in Großstädten. Es kann genauso gut sein, dass der Vorstandsvorsitzende eines Milliardenkonzerns Sie auf Borkum besucht, weil dort im Regionalblatt ein Bericht über Sie zu lesen war, der ihn auf Ihre Arbeit aufmerksam gemacht hat. Auch die kleinen Printmedien können eine Menge für Sie tun.

Überregionale Tageszeitungen, Magazine und hochangesehene Zeitschriften werden vorwiegend von Entscheidungsträgern in Wirtschaft, Politik und Kultur wahrgenommen. Wird in einem großen Blatt über Sie berichtet, dann müssen Sie die Chance nutzen und nach Möglichkeit mit diesem Artikel in der Pressemappe schnellstmöglich bei allen in Frage kommenden anderen größeren Presseunternehmen nachhaken. Sie werden bald feststellen, dass die Medien alle zur gleichen Zeit über Neuigkeiten berichten. Das ist ein Resultat der guten Pressearbeit von großen Firmen und Medienkonzernen, die es verstehen, die Presse für ihre Zwecke zu nutzen.

Doch die Nachfrage nach Ihrer kreativen Arbeit aufgrund eines Berichts muss nicht unbedingt proportional zum Ansehen der Zeitung sein. Sie brauchen sich keine Sorgen über den Umgang mit größeren Medien zu machen. Ihre Mitarbeiter unterscheiden sich nicht sehr von denen der kleinen Blätter. Die Profis der größeren Blätter fragen etwas zielstrebiger und haben meist weniger Zeit. Hier und dort wirken sie etwas abgeklärter bis kühl, aber wenn man ihnen offen und entspannt gegenübertritt, sind sie durchaus zugänglich.

Regionale Tageszeitungen berichten grundsätzlich über ziemlich alle gesellschaftlichen Events in ihrem Ort, in ihrer Stadt oder ihrer Region. Es ist denkbar einfach, in ihnen erwähnt zu werden, wenn Sie sie zuvor über das bevorstehende Ereignis ausreichend informieren.

In den Redaktionen stellt man sich gewöhnlich folgende Fragen:

- Wie viele unserer Leser interessieren sich für das Event X, wie viele für das Event Y?
- Ist der Künstler stadtbekannt oder ein Neuling?
- Welches Event verspricht die interessantere Berichterstattung, die spannenderen Fotos?
- Gibt es etwas Neues, Kurioses, Sensationelles oder etwas emotional tief Berührendes zu sehen?

Selbstverständlich entscheidet sich die Redaktion für den stadtbekannten Künstler, über den jeder fünfte Leser etwas wissen möchte. Wenn der stadtbekannte Künstler allerdings eine todlangweilige Vernissage veranstaltet, Sie als Neuling aber eine tolle Band, Feuerschlucker und einen bekannten Schauspieler engagieren, der Gedichte passend zum Event vorliest, dann haben Sie eine gute Chance, dass die Redaktion der Berichterstattung über Sie mehr Platz einräumt.

Es kommt auch sehr darauf an, wie freundlich, diplomatisch und vor allen Dingen hartnäckig Sie am Thema dranbleiben und die Redaktionen regelmäßig informieren. Es kann dennoch durchaus Jahre dauern, bis die eingefahrene Wahrnehmung des einen oder anderen Redakteurs erkennt, dass Sie ein neuer Stern am Horizont sind. Wenn Sie feststellen, dass eine Redaktion Ihren Stil nicht mag, dann investieren Sie in keine Pressearbeit mehr. Das wäre verlorene Liebesmühe.

Nicht jede Redaktion, die nicht gleich auf Ihre Angebote oder Anfragen reagiert, lehnt Sie von vornherein ab. Angebote können verlorengehen, vergessen werden, nicht mehr ins Layout passen, durch aktuellere Geschehnisse verdrängt werden.

Wenn die größeren überregionalen Medien über etwas berichten, muss es von übergeordnetem Interesse oder sehr kurios oder provozierend sein und Auswirkungen auf das Leben der Leser haben. Es geht vor allem um den Reizfaktor, den plakativen Wert: Neuheiten, Sex, Tabubruch und Sensation wirken als Medienmagnet.

Beherzigen Sie Folgendes:

* Je normaler Ihre Aktion ist, desto weniger Aufmerksamkeit wird die Presse Ihnen widmen. Für Sie mag Ihre erste Ausstellung die Welt bedeuten. Wenn nebenan nationale oder internationale Größen ausstellen, dann wird denen mehr Raum in der Presse gegönnt als Ihnen.

- Die Presse schenkt dem Besonderen lieber Beachtung als dem Gewöhnlichen. Versuchen Sie etwas Besonderes anzubieten, Sie erhöhen die Resonanz.

Es empfiehlt sich nicht, die Redaktionen blind mit der Zusendung von Informationen zu bedenken. Sie können einfach anrufen und einen Mitarbeiter oder Redakteur verlangen, der für Ihr Ressort zuständig ist. Notieren Sie sich seinen Namen! Fragen Sie ihn, ob Ihr Event für seine Zeitung interessant ist. Wenn ja, können Sie ihm anbieten, ihm eine Infomappe zukommen zu lassen oder ihn fragen, welche Form die Information am besten haben sollte. Wenn Sie ankündigen, bereits eine Pressemappe mit Kurzmitteilung, zwei Texten und Fotos vorbereitet zu haben, freuen sich viele Redakteure. Wenn Sie seine Zustimmung haben, schicken Sie sofort die versprochenen Informationen ab. Adressieren Sie sie zu Händen des Ansprechpartners, mit dem Sie gerade gesprochen haben.

Der Königsweg zum Erstkontakt ist natürlich auch in der Pressearbeit die Empfehlung. Wenn ein Journalist bei Ihnen anruft, weil jemand Sie empfohlen hat oder weil er etwas über Sie gelesen hat und nun neugierig auf Sie ist, dann ist das ein toller Start in eine Zusammenarbeit. Sie kommen nicht als Bittsteller, sondern als heißer Tipp.

Der Presseverteiler

Mit der Zeit richten Sie sich mit dem Zusammentragen geeigneter Redaktionsanschriften und Kontakte einen sogenannten Presseverteiler oder eine Pressedatei ein. Es wäre unsinnig, einfach nur Redaktionsanschriften zu sammeln und bei jeder Gelegenheit Ihre Presseinfos blind an alle Redaktionen zu verschicken. Über 80 Prozent der Informationen, die in den Redaktionen eintreffen, werden über solche Adressdateien verschickt und landen innerhalb weniger Sekunden im Müll, weil sie in der Regel nicht zum Profil der Zeitung passen. Ein Presseverteiler sollte nicht nur die Adressen von irgendwelchen Printmedien enthalten, sondern den Verlauf Ihrer Kontakte zu den jeweiligen Redaktionen dokumentieren. Auf jedem Datenblatt könnten folgende Informationen stehen:

- die Anschrift der Redaktion
- die Telefon- und Faxnummer und die E-Mail-Adresse der Redaktion bzw. des für Ihre Zwecke zuständigen Redakteurs
- die Erscheinungsweise (täglich, wöchentlich, monatlich) des Pressemediums
- persönliche Informationen über Ihre Ansprechpartner vor Ort: Mit wem haben Sie wann telefoniert; welcher Mitarbeiter hat Sie interviewt oder einen Artikel über Sie geschrieben; wer ist für die Fotos zuständig; in welcher Form möchten die Redaktionen Ihre Infos erhalten usw.
- Kopien bereits in dieser Zeitung oder Zeitschrift veröffentlichter Artikel oder ein Verweis, an welcher Stelle sie in Ihrem Presseordner einsortiert sind. Anhand dieser Artikel können Sie sich vor einer erneuten Kontaktaufnahme rasch auf den Stil des Blattes einstellen.
- Sollten Sie einen persönlichen Kontakt zu Redaktionsmitgliedern pflegen, so gehören in die Pressemappe auch persönliche Daten der Ansprechpartner, z.B. ihr Geburtsdatum

oder besondere Vorlieben und Abneigungen der Ansprechpartner (trinkt gerne den Prosecco der Marke X, nicht am letzten Tag vor Redaktionsschluss anrufen, reagiert dann schnell gereizt).

- Feedback-Infos zu den in den jeweiligen Zeitungen/Zeitschriften veröffentlichten Artikeln: Wenn Kunden Ihnen berichten, sie seien aufgrund des einen oder anderen Artikels in der einen oder anderen Zeitschrift auf Sie aufmerksam geworden, so sollten Sie das hier vermerken. Es hilft Ihnen, die Wirkung dieser Presseorgane und der dort erschienenen Artikel besser einzuschätzen. Selbst wenn Sie keine Anzeigen schalten, können die Mediadaten informativ und hilfreich für Sie sein, denn sie geben Ihnen Auskunft über:
  - Auflage,
  - Verbreitungsgebiet,
  - Struktur der Leserschaft,
  - Anzeigenpreise,
  - regelmäßig erscheinende Sonderbeilagen.

Mediadaten senden Ihnen die Zeitungen und Zeitschriften auf Anfrage zu.

Einen solchen Verteiler können Sie geschickt nutzen, und die investierte Zeit macht sich langfristig bezahlt. Wenn Sie eine neue Aktion planen, hilft Ihnen ein rascher Blick in Ihren Presseverteiler schnell weiter.

Wenn Sie regelmäßig Pressearbeit betreiben möchten, sollten Sie einen Ordner mit chronologisch angeordneten Artikeln über sich und Ihr Schaffen sowie mit Leserbriefen anlegen. Die Presseberichte sind nützlich, wenn Sie sich für neue Ausstel lungen, Events oder Jobs bewerben. Am besten kopieren Sie sie und legen sie Ihren jeweiligen Bewerbungsmappen als Dokumentation Ihres Schaffens bei.

Die Pressemappe

In die Pressemappe gehört alles, was der Presse für das Verfassen eines Artikels nützt (es braucht natürlich keine echte Mappe zu sein, der Begriff stammt noch aus der Zeit, als es keine Digitalfotos gab, die man auf CD-ROM abspeichern kann):

* Ein Anschreiben auf Ihrem persönlichen Briefbogen. Auf dem kurz und bündig gehaltenen Anschreiben (*»Wie heute früh« – oder: »am 21.04.« – »telefonisch besprochen, erhalten Sie hier Materialien über mein geplantes Event XY am nächsten Freitag, den soundsovielten. Sollten Sie noch Fragen haben, wenden Sie sich jederzeit an mich. Mit freundlichen Grüßen ...«*) sollten Sie unten den Hinweis »Anlage« schreiben und darunter alles auflisten, was zu diesem Schreiben gehört:
  Anlage:
  – Kurzmitteilung,
  – Pressetext,
  – Vita,
  – drei Fotos zur freien Verwendung.
* Eine Kurzmitteilung (zum Beispiel für den Veranstaltungskalender).
* Ein kurzer Pressetext von einer halben Seite oder weniger.
* Ein längerer Pressetext von ein bis zwei Seiten.

- Falls angemessen oder notwendig: eine Kurzvita.
- Pressefotos oder eine CD-ROM mit Fotos in passenden Formaten (die Sie vorher telefonisch erfragt haben).
- Wenn Sie die Materialien (z.B. Fotos) zurückhaben wollen, ist unbedingt ein an Sie adressierter und frankierter Rückumschlag mit dem Hinweis beizulegen: »Um Rücksendung der Materialien nach Verwendung wird gebeten.« Sie können sich das aber sparen, denn Fotoabzüge oder CD-ROMs sind billiger als das Rückporto, und manche Redaktionen bewahren die Daten auf und verwenden sie zu einem späteren Zeitpunkt.

Die Pressetexte

Damit die Presse Ihre Texte gut bearbeiten kann, ist es ratsam, sie in etwa so anzulegen:

- Name des Autors
- Titel und Name des Autors sollten auf jeder Seite vermerkt sein, damit nichts durcheinanderkommt.
- Seitenzahlen auf allen Seiten
- Wenn die Anzahl der Wörter und der Zeichen auf der ersten Seite steht, dann hilft das dem Redakteur, den Text und seine Verwertbarkeit im Layout leichter einzuschätzen.
- Einfallsreiche Überschrift, die das Interesse der Leser weckt.
- Eventuell Untertitel mit weiteren Infos zum Inhalt.
- Maximal 60 Zeichen pro Zeile und 30 Zeilen pro Seite.
- Doppelte Zeilenschaltung: Sie ermöglicht dem Bearbeiter

Ihrer Texte, zwischen den Zeilen Notizen zu machen, Kürzungen vorzunehmen oder Änderungen zu notieren.

- Jeder Absatz sollte mindestens drei bis vier Zeilen lang sein, jedoch nicht acht bis zehn Zeilen überschreiten.
- Verzichten Sie weitgehend auf Fremdwörter, außer Sie schreiben für ein Fachblatt im Fachjargon.

In der Kürze liegt die Würze: Ein Presseartikel ist kein Buch! Es ist eine Zumutung, wenn Sie einem Redakteur zehn Seiten über Ihr Event schicken. Das verrät, dass der Absender mehr an sich als an den Redakteur denkt. Dabei will er doch, dass der Redakteur etwas für ihn tut!

Fassen Sie sich kurz. Beschränken Sie sich auf das Wesentliche. Denken Sie immer an den Leser und nicht daran, was für ein toller Mensch Sie sind. Es nervt die meisten Presseleute, wenn einer sich ständig selbst feiert. Jede Musikgruppe veröffentlicht grundsätzlich mit dem neuen Album das beste Album, was sie je gemacht hat. Tausend Bands veröffentlichen jede Woche tausend Alben – und immer sind es die besten ...

Was bringt den Lesern ein Mehr an Wissen, Inspiration, Unterhaltung oder Sensation? Schreiben Sie kurz und prägnant. Oft hilft es, erst einmal alles aufzuschreiben, was einem so einfällt. Dabei kommen manchmal 32 Seiten zustande, die Sie dann auf drei Seiten kürzen – und diese drei Seiten kürzen Sie noch einmal auf eine oder zwei Seiten. Sie haben dann bessere Chancen, dass die Redaktion den Text überhaupt liest.

Zählen Sie die Zeichen eines Pressetextes in Ihrer Wunschzeitung. Addieren Sie maximal ein Drittel dazu, und Sie haben die Länge Ihres Pressetextes. Das überschüssige Drittel ist für die Redakteure bestimmt, denn sie kürzen grundsätzlich. Wenn nicht klar ist, wie viel Platz die Redaktion für den Artikel zur Verfügung hat, stellen Sie der Redaktion zwei Texte zur Wahl, einen kürzeren und einen längeren. Besser ist es aber, wenn Sie sich vorab telefonisch erkundigen, welche Textlänge bevorzugt wird.

Eine Kurzmitteilung für eine Vorankündigung oder einen Veranstaltungskalender sollte nur vier bis zehn Zeilen lang sein.

Kurzvita und Fotomaterial

In der Kurzvita ist alles von Wichtigkeit, was Informationen darüber liefert, warum man überhaupt einen Artikel über Sie schreibt. Wenn Sie Maler sind und als Kind schon Malwettbewerbe gewonnen haben, können Sie das erwähnen. Dass Ihr Vater Ihnen Weihnachten 1974 fürchterlich den Hintern versohlt hat, weil Sie den Weihnachtsbaum angezündet haben, ist nicht interessant. Aus der Vita muss hervorgehen, was Sie in beruflicher Hinsicht auszeichnet.

- Wenn Sie Bildhauer sind und einen Artikel über Ihre Ausstellung anregen möchten, sollten die Fotos Sie mit Ihren Skulpturen oder bei der Arbeit zeigen.
- Urlaubsfotos oder Bilder von Ihnen und Ihrer Freundin sind nicht gefragt.
- Die Bilder sollten scharf und aussagekräftig sein. Es ist meist vorteilhafter, wenn Sie in Aktion aufgenommen werden.
- Einer Zeitschrift, die im Vierfarbdruck erscheint, schicken

Sie am besten Farbfotos, außer Sie sind ein künstlerischer Schwarzweißfotograf.

- Das optimale Format der Fotos ist 10 × 15 bis 20 × 30 Zentimeter. Im Fall von Fotodaten auf CD-ROM: Die Druckereien benötigen in der Regel eine Auflösung von mindestens 300 × 300 dpi (Punkte pro Inch).
- Sollten die Fotos einem Copyright unterliegen, muss das auf der CD-ROM oder auf der Rückseite der Fotos vermerkt sein. CD-ROM und Fotos sollten mit Ihrem Namen, Ihrer Telefonnummer sowie einem Betreff (Event am soundsovielten) versehen sein.

Vor-Ort-Termin der Presse und Redaktionsbesuche

Je visueller Ihre Arbeit ausgerichtet ist, desto interessanter sind Sie für einen Vor-Ort-Termin, bei dem sich die Presse einen Eindruck von Ihrer Arbeit verschaffen möchte. Natürlich spricht die Redaktion den Besuchstermin mit Ihnen ab. Sie können auch jederzeit telefonisch zu einem Vor-Ort-Termin einladen, wenn Sie etwas Lohnendes vorzuzeigen haben.

- Bleiben Sie entspannt und natürlich, wenn die Presse zu Ihnen zu Besuch kommt.
- Sorgen Sie sich nicht um das Aussehen Ihrer Arbeitsstätte. Wenn Sie ein Chaot sind, dann darf es ruhig etwas chaotisch aussehen. Medienleute lieben Authentizität. Wenn Sie sich in einen Anzug zwängen, während Sie gewöhnlich in Malerkittel oder in Jeans und Pullover arbeiten, dann wirken Sie bestimmt nicht authentisch.

- Es ist sehr aufmerksam, wenn Sie Ihrem Besuch etwas zu trinken und zu knabbern anbieten.
- Zum vereinbarten Termin sollten Sie unbedingt da sein. Wenn Sie einen Journalisten versetzen oder zu spät kommen, haben Sie schon verloren.
- Gehen Sie davon aus, dass der Termin mehr Zeit in Anspruch nehmen kann, als vereinbart wurde. Denn wenn der Medienvertreter Gefallen an Ihnen und Ihrer Arbeit findet, wäre es nicht charmant, wenn Sie ihn nach einer halben Stunde vor die Tür setzen, weil Sie eine andere Verabredung haben. Wenn Sie sich mit einem Journalisten verabreden, der über Ihre Arbeit als Bildhauer berichten will, sollten Ihre Skulpturen am Besuchsort zu sehen sein.
- Ihre Pressebesucher freuen sich, wenn Sie ihnen eine Pressemappe zur Verfügung stellen. Wenn ein Fotograf kommt, ist es natürlich nicht notwendig, ihm Bilder Ihres Ateliers zur Verfügung zu stellen. Wenn Sie aber gerade von einer Ausstellung im Bundeskanzleramt zurückkehren und Sie ein Bild von Ihnen und der Kanzlerin haben, können Sie es ruhig dazulegen.
- Journalisten freuen sich immer, wenn Sie eine Pressemappe mit Ihrer Vita und den wichtigsten Eckdaten Ihrer Arbeit bereithalten.

Wenn Sie etwas bekannter sind und zu erwarten steht, dass mehrere Redakteure regionaler Zeitungen Ihrer Einladung zu einem Pressegespräch folgen, dann lohnt es sich unbedingt, einen gemeinsamen Termin für alle festzulegen. Sollte aber der *Stern* Sie anrufen, weil er über Ihre Arbeit berichten will, wäre es besser, den *Stern*-Redakteuren einen gesonderten Termin zu geben. Bei Einzelterminen kann man sich besser auf die Bedürfnisse und Eigenheiten des jeweiligen Berichterstatters einlassen. Es kann auch vorkommen, dass ein Redakteur Sie bittet, in der Redaktion zu einem Gespräch vorbeizukommen oder die Pressemappe persönlich einzureichen. Es gelten die gleichen Verhaltensregeln wie beim Besuch der Medienvertreter:

- Seien Sie entspannt.
- Bleiben Sie authentisch.
- Bringen Sie Fotos und kurze Informationstexte oder Kopien bereits über Sie erschienener Artikel mit.
- Zeigen Sie Interesse für die Redaktionsarbeit und Ihr Gegenüber.

Sie sollten unbedingt Einladungen zu Ihren Events und zwei Freikarten an die Redaktion schicken, wenn es Eintritt kostet – eine für den Redakteur und einen für den Fotografen.

Verlangt jedoch ein Pressevertreter freien Eintritt für sich und die ganze Familie, brauchen Sie nicht darauf einzugehen. Freie Mitarbeiter haben oft diese schlechte Angewohnheit: Sie schreiben nach dem Event einen kurzen Artikel und schicken ihn unaufgefordert an mehrere Zeitungen mit mehr oder weniger Aussicht auf Erfolg. Freien Journalisten, die Sie nicht eingeladen oder sich nicht angemeldet haben, sollten Sie nicht gratis Einlass gewähren. Sie können ihnen anbieten, die Kosten für die Karte zu ersetzen, wenn es ihnen gelingt, einen Artikel über Sie zu plazieren, und sogar ein Buch oder eine CD zu schenken, wenn sie ihn in verschiedenen Medien veröffentlichen. Lassen Sie sich nicht reinlegen. Profis kündigen sich vorab an!

Grundsätzlich ist es hilfreich, wenn Sie die Presseleute als Partner wahrnehmen und sie nicht als Menschen behandeln, von denen Sie etwas fordern. Sie sollten die Presse nicht als Ihr »Werkzeug« wahrnehmen, das einzig dazu dient, Ihnen zu mehr Öffentlichkeit zu verhelfen.

Natürlich braucht die Presse kreative Menschen, um nicht nur über Politik, Wirtschaft, Krieg und Sport, sondern über die schönen oder rätselhaften Dinge des Lebens berichten zu können. Vergessen Sie aber nicht, dass die Presse am längeren Hebel sitzt, solange Sie nicht berühmt sind. Sie brauchen die Medien, um bekannt zu werden. Seien Sie einfach nett und bemühen Sie sich.

Es kann durchaus vorkommen, dass Sie auf einen tollen Bericht in der Zeitung keine Resonanz haben. Dennoch ist der Bericht wichtig – Sie müssen versuchen, dass die Zeitungen immer wieder über Sie berichten. Steter Tropfen höhlt den Stein. Ein junger Mensch liest einen Bericht über Sie und merkt sich Ihren Namen. Zehn Jahre später hat er schon vier- oder zehnmal etwas über Sie gelesen. Nun hat er sein Studium beendet, führt ein gut gehendes Unternehmen und bedarf Ihrer Leistungen. Ihre geschäftliche Beziehung hat womöglich vor zehn Jahren begonnen. Es kann Jahre dauern, bis Ihre Präsenz in der Presse einen Menschen dazu bewegt, nach Ihrem Angebot zu fragen.

Die Effizienz Ihrer Pressearbeit lässt sich oft nicht kurzfristig beurteilen. Sie müssen unbedingt durchhalten. Mit den Jahren werden Sie erfahren und können die Presse immer gezielter mit den Informationen beliefern, die Sie und Ihre Leserschaft brauchen. Damit mehren sich die Chancen des Erfolgs durch Pressearbeit.

Plustern Sie sich aber nicht unnötig auf. Geben Sie nichts vor, was Sie nicht sind und was Sie nicht können. Legen Sie sich keine Strategien zurecht, wie Sie den Presseleuten am besten etwas vormachen. Es bringt nichts, Stärke vorzutäuschen, obwohl man ängstlich ist. Es ist eine Illusion, zu denken, die Vorspiegelung falscher Tatsachen bringe einen weiter. Selbst wenn Sie als Lügenbaron weit kommen – Sie werden vielleicht reich, bleiben aber ein armer Wurm in Ihrem Inneren. Gehen Sie in einem solchen Fall lieber in die Politik, da gehört Falschspielerei zum Geschäft. Wer lügen oder vortäuschen muss, weil er meint, so besser durchzukommen, der verschenkt sein Leben. Nicht Sie selbst zu sein ist Verschwendung. Sie gibt es nur einmal und womöglich nur noch einige Jahrzehnte lang. Warum sollten Sie so tun, als wären Sie jemand anders?

Seien Sie ehrlich. Geben Sie es ruhig zu, wenn Sie schüchtern oder unerfahren sind. Seien Sie wahrhaftig, denn mit den Wahrhaftigen ist die Ewigkeit. Seien Sie ehrlich, denn den Ehrlichen wird Vertrauen entgegengebracht. Dann wird sich Ihnen Ihr Gegenüber als Freund offenbaren. Die Presseleute werden Sie aufgrund Ihrer Authentizität und Ehrlichkeit gern annehmen.

Leserbriefe

Leserbriefe in lokalen wie überregionalen Medien können manchmal mehr zum Image beitragen als umfangreiche Zeitungsberichte. Ich habe zum Beispiel auf lokale Kulturpolitik mit bissigen Leserbriefen reagiert, die veröffentlicht wurden. Die Resonanz seitens meiner Mitbürger war dramatisch: Sehr vielen Menschen war ich plötzlich ein Begriff, denn meine Worte hatten ihre Zustimmung oder ihren Widerspruch hervorgerufen.

Treffend formulierte Leserbriefe beziehen meistens eindeutige Positionen zu den Themen Ihrer Wahl und tragen dazu bei, Ihr Image klarer herauszustellen, als so mancher Artikel dies vermag.

Für Leserbriefe gilt das Gleiche wie für die Erstellung von Pressetexten: Senden Sie der Redaktion Ihren Beitrag in der Zeilenlänge und in dem Umfang der sonstigen Leserbriefe. Ihnen stehen meistens zwei bis zehn Sätze zur Verfügung. Längere Leserbriefe muss die Redaktion rigoros kürzen, und da besteht die Gefahr, dass Ihr zentrales Anliegen verlorengeht. Selbstverständlich spiegelt ein Leserbrief Ihre Persönlichkeit wider. Das bringt Ihnen meistens auch Kritik oder Ablehnung ein. Wenn Sie es vorziehen, es allen recht zu machen, verzichten Sie lieber auf eigene Beiträge.

Fehlgeschlagene Pressearbeit

Je besser Ihre Pressearbeit ist, desto größer ist die Chance, dass die Informationen, die über Sie veröffentlicht werden, stimmen. Dennoch kommt es immer wieder vor, dass in Zeitungsbeiträgen Tatsachen verdreht oder sprachlich ungeschickt formuliert werden. Verzichten Sie, Kritik an den zuständigen Rezensenten zu äußern, wenn der Artikel nicht massive Fehlinformationen enthält, die Ihrem Image schaden könnten.

Besser ist es, wenn Sie den Verfasser für seine Arbeit besonders loben, dann wird er sich beim nächsten Mal bestimmt mehr Mühe geben. Wurden aber wichtige Daten falsch wiedergegeben, dann ist eine freundliche Notiz angebracht, ohne sich im Ton zu vergreifen. Bedanken Sie sich für den Artikel und weisen Sie darauf hin, dass sich leider ein oder mehrere Fehler eingeschlichen haben. Eine solche Notiz kann folgende Reaktionen hervorrufen:

* den Wunsch, Ihnen möglichst bald mit einem besseren Artikel etwas Gutes zu tun
* keine Reaktion
* eine Negativreaktion nach dem Motto: Was fällt dem frechen Künstler überhaupt ein? Er soll froh sein, dass ich überhaupt über ihn schreibe!

Es kann aber auch vorkommen, dass etwas über Sie geschrieben wird, das grundlegend falsch ist. Beispielsweise dass Sie ein Jahr im Gefängnis waren, während Sie vor einem Jahr eine Lesung in einem Gefängnis gehalten haben. In einem solchen Fall haben Sie ein Anrecht auf eine Gegendarstellung.
Wenn die falsche Angabe auf ein Versehen zurückzuführen ist, wird sich keine Redaktion ernsthaft dagegen sperren, eine Gegendarstellung zu veröffentlichen, die Sie wieder ins rechte Licht rückt. Verlieren Sie aber nicht die Fassung. Suchen Sie das Gespräch mit dem zuständigen Redakteur, geben Sie Ihre Bestürzung in Anbetracht dieses redaktionellen Fehlers zu und bitten Sie um Abhilfe. Nur wenn der Redakteur nicht entgegenkommend reagiert, sollten Sie schwere Geschütze auffahren – Falschaussagen oder verzerrende Aussagen über Sie berechtigen Sie nach Landespresserecht zu einer Gegendarstellung.

Wenn die Negativdarstellung allerdings die Meinung der Redaktion widerspiegelt, dann wird es schwieriger. Sie müssen nämlich beweisen, dass der Artikel falsch ist. Beharrt die Redaktion trotz der Beweise auf ihrer Darstellung, bleibt Ihnen nur der Weg zum Anwalt. Überlegen Sie sich aber vorher genau, ob die Angaben wirklich nicht stimmen, denn eine Klage gegen eine unangenehme, jedoch berechtigte Aussage wird Sie nicht weit bringen!

Junge kreativ Schaffende werden von der Presse entweder gefördert oder ignoriert. Medien, die investigativen Journalismus betreiben, bemühen sich um Prominente, nicht um Menschen, die von der eigenen Kreativität leben. Die Zusammenarbeit mit den Printmedien birgt für Einsteiger keine erkennbaren Gefahren, die Presseleute sind wirklich als Freunde und Verbündete wahrzunehmen – und sie freuen sich über Kreative, die ihnen verwertbare Informationen zukommen lassen.

Perfekte Presse – und dennoch keine Nachfrage

Sie können hochprofessionelle Pressearbeit machen, die brillante Berichte über Ihr Schaffen zur Folge hat, und dennoch bleibt die Resonanz seitens Ihres Zielpublikums aus. Das kommt sogar sehr häufig vor: Bekannte Autoren werden von bekannten Rezensenten in bekannten Zeitungen mit hoher Auflage hochgelobt – dennoch stagniert der Verkauf der Bücher.

Die teuersten Kampagnen puschen die dicksten Hollywoodschinken durch die Medien – und an der Kinokasse floppen die Filme.

Auf einer Doppelseite wird in Farbe über Sie berichtet, und niemand kauft Ihnen etwas ab. Die Gründe für solche Flops sind vielfältig. Natürlich gibt es durchaus eine ganze Reihe von Gründen, warum eine eigentlich erfolgreiche Pressearbeit nicht die gewünschte Wirkung erzielt:

- Die Leser sind nicht an Ihrem Schaffen interessiert.
- Sie sind finanziell nicht in der Lage, Ihr Angebot zu nutzen.
- Sie sind grundsätzlich an der von Ihnen angebotenen Leistung interessiert, doch irgendetwas in dem Zeitungsartikel hält sie davon ab, nachzufragen.
- Der Zeitpunkt der Veröffentlichung ist unpassend: Eine Vernissage während des Endspiels der Weltmeisterschaft wird schlecht besucht sein, selbst wenn die Zeitung drei Seiten über Sie schreiben würde.

Ich habe einerseits selbst erfahren, dass sehr gute Presse zu keiner nennenswerten Resonanz geführt hat. Andererseits durfte ich auch erleben, wie einen Tag nach der Veröffentlichung eines Artikels über mich ein Auftrag ins Haus flatterte, der mir ein Jahr meiner Existenz als freischaffenden Kreativen sicherte. Es kann alles vorkommen.

Schlechte Presse ist oft besser als gute Presse

Für Rezensenten und Kritiker ist diese Feststellung stets eine Bedrohung ihres Selbst- und Weltbildes: Schlechte Presse über Künstler führt oft zu mehr Aufmerksamkeit und Resonanz als gute Presse. Das gilt allerdings nur für Künstler, Literaten und Musiker. Wird über einen Heilpraktiker oder einen Koch schlecht berichtet, so kann das den finanziellen Ruin bedeuten.

Wenn über einen Maler geschrieben wird, er sei ein Rüpel, habe Affären, schlechtes Geschäftsgebaren und sei zudem drogensüchtig, so kann das eine hervorragende Presse für ihn sein. Ich kenne einige Kreative, die ihre Depressionen, ihre Alkoholsucht, ihr schlechtes Benehmen als Bestandteil ihres Künstlerseins vermarkten. Schlechte Rezensionen erzielen oft mehr Aufmerksamkeit als gute. Wenn Ihr Werk gut ist, die Kritik aber schlecht, so ruft das vermehrt all jene auf den Plan, die Kenner und Förderer Ihres Schaffens sind, und lässt sie aktiv werden. Negativschlagzeilen lösen oft auch mehr Neugier aus. Bekanntlich lassen sich schlechte Nachrichten besser verkaufen als gute.

Redaktionelle Zusammenarbeit

Eine zweite Form der Pressearbeit wird von großen Unternehmen und Konzernen meisterlich beherrscht: Es werden Informationen zu bestimmten Themenkreisen angeboten, manchmal schon in Form fertiger Artikel. Konzerne manipulieren auf diesem Weg billig die öffentliche Meinung. So gibt es zum Beispiel im Gesundheitssektor alle paar Jahre Infowellen, in denen vor dem Verzehr irgendwelcher Biolebensmittel gewarnt wird. Quelle dieser Berichte sind stets Ärzte oder halbwegs renommierte Institute. Über 90 Prozent der populären Medien schlucken diese Informationen ohne nachzuforschen, wer die Quelle bezahlt hat. Die Ärzte sind oft gar nicht vom Fach, die

Studien beherrschen nicht selten die Kunst der Statistik (trau keiner Statistik, die du nicht selbst gefälscht hast!), und keiner wundert sich, dass Biomilch, Butter, Sahne und Olivenöl lebensgefährlich sein sollen, während sterile H-Milch, nahezu synthetische Margarine, Cremes mit Lichtblockfaktor 50 sowie modifizierte Stärke und andere Zusatzstoffe, die in jeder Junk-Food-Packung stecken, nie zu Medienresonanz führen. An Biofleisch sollen Kinder sterben können, aber darüber dass sich Kuh, Schwein und Huhn in der normalen Mast von Antibiotika ernähren, gibt es keine Medienhysterie.

In Biolebensmitteln werden doch tatsächlich Spuren von Schadstoffen gefunden, das Medienland erzittert. Dass Greenpeace in Supermarktpaprika regelmäßig bis zu siebenfache Überschreitungen der ohnehin viel zu hohen Grenzwerte an Pflanzenschutzgiften findet und dann noch aufdeckt, dass die zuständigen Bundesprüfstellen hiervon wissen und doch nicht warnen, löst keine Hysterie aus. Das ist perfekter (und natürlich perverser) Medienarbeit zu verdanken.

Presse und Medien sind ständig auf der Suche nach neuen Inhalten und Informationen. Es ist gang und gäbe, dass diese Informationen auch von Dritten geliefert werden. Ein erheblicher Prozentsatz aller veröffentlichten Informationen wird von großen Presseagenturen verteilt, und vom *Stern* bis zur Lokalzeitung nehmen viele diese Information an.

Mit einigem Bemühen können Sie sich ebenfalls einbringen, nicht um zu manipulieren, sondern um zu informieren. Wenn Sie zum Beispiel künstlerische bunte Glasfenster herstellen, werden Sie im Lauf der Jahre sicher enorm viel über Glaskunst lernen. Dieses Wissen können Sie dann zum Beispiel einer Zeitung in der Form anbieten, dass Sie einen Artikel oder eine

Artikelserie über die Glasfenster in den örtlichen Kirchen schreiben.

Sie selbst kommen in dem Artikel nicht vor, außer im Vorspann: »Die bekannte Glaskünstlerin Dina Dana schreibt in dieser Serie über die schönen Glasfenster unserer drei alten Ortskirchen.« Oder am Ende des Artikels steht einfach nur »Dina Dana, Glaskünstlerin aus Glashausen«.

Es macht Spaß, Wissen mit anderen zu teilen. Zum anderen wird ein Artikel über Glaskunst in alten Kirchen von Leuten gelesen, die sich durchaus für das Thema interessieren. Je kompetenter oder unterhaltsamer der Artikel ist, desto eher werden sich die Leser an Dina Dana erinnern. Irgendwann kommt der eine oder andere Leser auf die Idee, statt eines 08/15-Fensters ein Kunstwerk in sein neu zu renovierendes Wohnzimmer einbauen zu lassen. Er erinnert sich an den Artikel und an Dina Dana, und der Auftrag kommt ...

Wenn Sie Berichte für die Presse schreiben, dann wird Ihr Name mit den Inhalten dieser Artikel verbunden. Heilpraktiker schreiben über Gesundheitstipps, Köche geben ihre raffinierten Rezepte weiter, Steinbildhauer schreiben einen Reisebericht über die riesigen Steinmenhire in der Bretagne, Künstler berichten über die Machenschaften im Kulturdezernat der Stadt. Als Autor von Kriminalromanen können Sie Berichte über berühmte Verbrechen aus dem letzten Jahrhundert schreiben, die in Ihrem Wohnort stattgefunden haben. Alles ist denkbar, der Inhalt der Artikel sollte nur auf irgendeine Weise mit Ihrer Arbeit zu tun haben.

Bei dieser Art der Pressearbeit gehen Sie genauso vor wie bereits beschrieben. Am Anfang steht der Kontakt zur Redaktion, der Sie Ihre Idee vorstellen. Manche Redaktionen bevorzugen auch ein kurzes Exposé, also eine Kurzbeschreibung Ihres geplanten Beitrags. Plaudern Sie nie Details aus, sondern stellen Sie einfach nur Ihr Konzept kurz und fundiert vor. Sonst kann sich möglicherweise ein anderer Ihrer Idee bedienen. Besteht Interesse, so sprechen Sie Umfang und Rahmenbedingungen ab (Anzahl der Fotos, Stil des Berichts, Buchempfehlungen usw.). Wenn die Zeitung einen solchen Artikel veröffentlichen will, sollte sie Ihnen ein Honorar dafür zahlen. Es gibt Fachzeitschriften, die hohe Honorare zahlen, und andere, bei denen die Autoren sogar bereit wären, selbst zu zahlen, um dort zu publizieren.

Lassen Sie sich nicht für dumm verkaufen. Wenn Sie in Ihrem Fachbereich umfassendes Know-how besitzen, das Thema Ihres Angebots griffig ist und für die Leserschaft der jeweiligen Zeitungen in Frage kommt, dann sollten Sie Ihre Leistung nicht verschenken. Seien Sie nicht zu eitel. Ein kreativer Freischaffender, der sich unter Preis verkauft, weil er einfach mal seinen Namen in einer Zeitung lesen will, ist nichts wert. Sie leisten sich damit auf Dauer einen Bärendienst.

Wenn Sie ein Event veranstalten, informieren Sie natürlich alle passenden Presseorgane. Wenn Sie allerdings einen Bericht über ein spezielles Thema verkaufen, dann sollten Sie das exklusiv tun.

Rezensionen, Besprechungen und Kritiken

Auch dieser Bereich gehört zur Pressearbeit: Ihr Buch wird rezensiert, Ihre CD besprochen, zu Ihrem Konzert gibt es eine Kritik, über Ihren Vortrag wird kritisch berichtet.

Es ist nur dann sinnvoll Rezensionsmaterialien (Buch, CD, Video) zu verschicken, wenn Sie vorher zur Redaktion Kontakt aufnehmen. Wenn Sie 200 bis 300 CDs an Presse und Rundfunk blind versenden, erhalten Sie höchstens eine bis zwei Reaktionen. Rufen Sie aber vorher an, verschicken Sie vielleicht nur 50 CDs und erhalten 5 bis 15 Reaktionen in Form von Besprechungen.

Sollen Besprechungen unbedingt erfolgreich sein und viele Kaufnachfragen auslösen, gilt für sie das Gleiche wie bei der klassischen Werbung: Es ist völlig illusorisch, dass Ihr Werk gleichzeitig in den hundert relevanten Zeitungen besprochen wird, Sie im Fernsehen auftreten, in den Zeitungen Anzeigen über Ihre Arbeit schalten, Informationen darüber im Radio gesendet werden, Sie ein Direktmailing machen, und Ihr Produkt in möglichst allen passenden Geschäften und Versandhäusern erhältlich ist! Eine perfekte Koordination der verschiedenen Werbewege lässt sich von einer einzelnen Person oder von kleinen Firmen nicht leisten. Doch im kleinen Rahmen können wir sehr wohl etwas tun, wie an anderer Stelle dargelegt wurde.

- Erwarten Sie keine zu gute Kritik. Die meisten Kritiker sehen nicht das in Ihrem Produkt, was Sie darin sehen können. Selbst wenn Rezensenten versuchen, eine gute oder neutrale Rezension zu schreiben, liegen sie manchmal daneben. Eine gute Rezension, die den Kern Ihres Werkes erfasst hat und zudem treffend formuliert ist, ist einem Geschenk vergleichbar.
- Um das Danebentreffen zu vermeiden, hilft es den Rezensenten sehr, wenn sie

a) Sie persönlich kennen und/oder mit Ihnen über das Werk gesprochen haben;

b) wenn Ihrer Sendung ein »Waschzettel« beiliegt, eine Kurzinformation mit den wichtigsten technischen Daten des Produkts (Umfang, Zeit, Preis, Bestellnummer, Bezugsquellen) sowie einer pointierten, nicht selbstherrlichen Inhaltsbeschreibung. Wenn Sie bereits gute Kritiken in Ihrem Presseordner gesammelt haben, dann kopieren Sie sie und legen Sie sie der Sendung bei. Journalistenkollegen inspirieren sich gern gegenseitig. Je berühmter der Kritiker ist, desto mehr wird er als Inspiration von weniger bekannten Kollegen genutzt.

- Erwarten Sie keine Reaktionen auf eine Kritik. Viele Kritiken haben gar keine Wirkung auf den Verkauf. Sie sind nur für Ihre Imagebildung und für Ihren Presseordner von Vorteil – beides ist aber sehr wichtig. Selten werden durch Rezensionen große Nachfragen ausgelöst, oder es kommt zu neuen Geschäftskontakten.

- Vergessen Sie nicht, einer Redaktion, die Ihre Arbeit schon einmal besprochen hat, Ihr nächstes Werk zukommen zu lassen.

- Vermeiden Sie, Ihr eigenes Werk im Pressetext übermäßig zu loben, und verwenden Sie nicht die Formulierung »das beste Buch/die beste CD«. 95 Prozent aller Künstler verwenden sie in ihrem Pressetext, und sie führt bei denen, die sie mehrmals am Tag lesen müssen, zu ablehnenden Reaktionen. Besser sind Zitate aus anderen Rezensionen.

- Bleiben Sie sachlich, fassen Sie sich kurz.

Gekaufte Rezensionen

Viele Printmedien und Fernsehsender leben von den Werbeanzeigen aus Handel, Gewerbe und Industrie. Die Medien wären ohne Werbung nicht überlebensfähig. Die Medienleute leben also direkt von den Werbeeinnahmen, tun aber so, als würden sie von ihrem Publikum leben. Wenn aber die Werbeeinnahmen in Zeiten wirtschaftlicher Rezession zurückgehen, werden Redakteure massenweise entlassen und, wenn sie Glück haben, als billigere freie Mitarbeiter wieder beschäftigt.

Ihre vermeintliche Macht und ihren Status verdanken sie den Werbeeinahmen.

Als Selbstverleger habe ich anfangs ernüchternde Erfahrungen gemacht:

1. Ich habe ein Rezensionsexemplar an eine Zeitung oder Zeitschrift verschickt.
2. Ich habe einen begeisterten Anruf bekommen, in dem mir mitgeteilt wurde, dass man mein Buch, meine CD besprechen wolle, und ich zugleich gefragt wurde, ob ich auch eine Anzeige schalten wolle, das biete sich doch an ...
3. Da ich in den ersten Jahren meiner kreativen Tätigkeit all mein Geld in neue Projekte investiert habe, antwortete ich immer: »Leider kann ich mir keine Anzeigen leisten.«
4. Darauf kam die Reaktion: »Dann rufen wir in einigen Monaten noch einmal an, vielleicht klappt es ja beim nächsten Buch.«
5. Keine Rezension ...

Probehalber habe ich dann Rezensionsexemplare verschickt mit der Bitte um Mediadaten, da ich Anzeigen schalten wolle. Ich habe dann prompt eine Rezension erhalten, auch wenn sie darin bestand, dass mein Pressetext ab- oder umgeschrieben wurde.

Mit anderen Worten: Man kann sich Rezensionsflächen kaufen. Ich nehme an, dass dies beim *Spiegel* oder beim *Stern* nicht möglich ist, aber viele Fachblätter befolgen diese Praxis. Und über die Höhe der Anzeigenkosten kann man sehr wohl Einfluss auf die Länge der Rezension nehmen.

Das ist schade. Viele Zeitschriften sind nichts anderes als aufgeblasene Werbeblätter. Sehen Sie mal aufmerksam eine Zeitschrift durch, in der Besprechungen enthalten sind: Oft finden Sie in der gleichen, der nächsten oder vorigen Ausgabe Anzeigenschaltungen der Verlage oder Plattenfirmen, die den Titel herausgebracht haben.

Auch wenn neue Produkte, Ideen oder Projekte vorgestellt werden, sind die Artikel mit Anzeigenschaltungen gekoppelt. Bei großen Konzernen fällt das nicht einmal auf. Buchkonzern A hat viele Verlage und Label aufgekauft. Besprochen wird vielleicht der Verlag X, die Anzeige kommt von Konzern A für Verlag Y. Das Geld kommt aus einer Tasche ...

Ich habe drei Seller geschrieben, die sich fast oder ganz ohne Rezensionen im Markt etabliert haben. Das sollte auch Sie motivieren. Es gibt immer Möglichkeiten, an den Medien und an den Konzernen vorbei leidliche Erfolge zu feiern. Es ist zwar einfacher, mit Hilfe der Presse öffentliche Aufmerksamkeit zu erlangen, aber sie ist nicht der einzige Schlüssel zum Erfolg.

Presse benötigt man dort unbedingt, wo ein Überschuss an einem Angebot besteht. Wenn Sie ein Event in einer gottverlassenen Gegend organiseren, reicht gute Mundpropaganda, damit Ihnen die Tür eingerannt wird. Wenn Sie aber in Berlin tätig sind, dann machen wahrscheinlich jeden Abend zehn Leute genau das Gleiche wie Sie. Da kann die Macht der Medien Ihnen helfen, wenigstens einige Menschen auf Sie aufmerksam zu machen.

Wenn Ihre Pressearbeit perfekt oder Ihr Werbebudget unbegrenzt ist, können Sie auch nur mit Pressearbeit mehr Leute zu einer langweiligen Veranstaltung locken als ein Künstler ohne Budget, der ein besseres Programm hat als Sie.

Wenn Sie also hymnische Kritiken über bekannte Künstler, irgendein Produkt, eine Firma oder ein Event lesen, dann steckt oft viel Geld dahinter, denn Medien finanzieren sich aus Werbung, die privaten Rundfunk- und Fernsehsender allerdings mehr als die öffentlich-rechtlichen, aber auch Letztere sind zum Teil manipulierbar. Geld und Beziehungen wirken.

In den letzten Jahren sind immer mehr Rezensionsdienste im Internet aufgetaucht. Diese betreiben oft umfangreiche Internetseiten, auf denen Bücher und CDs besprochen werden. Bei Anforderung der Rezensionsexemplare geben sie vor, dass ihre Webseite von vielen Redaktionen und Verlagen als Quelle genutzt wird. Beweise hierfür fehlen oft. Einige kopieren einfach Ihren Pressetext, stellen ihn online und verkaufen dann Ihr Buch oder Ihre CD über eBay oder Amazon Marketplace zu ihren Gunsten. Einige kommen auf viele tausend Euro Jahresumsatz durch diese Tätigkeit. Darum empfiehlt es sich, das Buch oder die CD mit einem Stempel zu versehen, auf dem steht: »Rezensionsexemplar. Nur für Promotion, Verkauf untersagt.«

Grundsätzlich läuft bei der Medienarbeit mit Fernsehen und Zukunft alles ähnlich ab, wie bei den Printmedien.

Es ist sinnvoll, dass Ihre Pressemappe ein Demo-Video oder eine Demo-CD enthält, wenn es um Medien geht, die über Bilder oder Klänge kommunizieren. Doch ein Fernsehsender strahlt auch aufgrund eines Pressetextes und sehr aussagekräftiger Fotos einen Bericht über Sie aus. Wichtig ist die Vision Ihres Beitrags: Wie interessant ist es für die Zuschauer des Senders, etwas über Sie zu erfahren? Wie gut lässt sich Ihr Thema in einem Rundfunkbeitrag unterbringen?

Einfache Ankündigungen im regionalen Veranstaltungskalender plazieren Sie in Regionalsendern ähnlich einfach wie in den Printmedien. Etwas schwieriger gestaltet sich das in den Regionalausgaben der dritten Programme: Im Fernsehen sind auch für Vorankündigungen bewegte Bilder erforderlich. Entweder liefern Sie sie selbst, oder der Sender schickt ein Team zu Ihnen, was natürlich nicht so einfach ist, wie der Besuch eines freien Mitarbeiters einer Zeitung.

Je außergewöhnlicher Ihr Angebot ist, und je ansprechender es sich in bewegten Bildern darstellen lässt, desto größer sind Ihre Chancen.

Wenn Sie im Umgang mit Rundfunk und Fernsehen nicht erfahren sind, ist von Live-Interviews abzuraten. Live gut »rüberzukommen« ist eine hohe Kunst. Im Radio fällt jeder Versprecher überdeutlich aus. Verstehen Sie eine Frage nicht und fragen ein- oder zweimal nach, so wirkt das ungünstig. Antworten Sie in zu langen oder wirren Sätzen, so kann sich das nachteilig für Sie auswirken. Denken Sie länger nach, so entsteht eine Pause, die jeder Rundfunk- und Fernsehmoderator fürchtet.

Bei Sendungen, die nicht live übertragen werden, ist die Redaktion bemüht, aus dem Gesamtmaterial mittels Schnitttechnik einen möglichst interessanten Mix zu erstellen. Wenn Beiträge stark gekürzt werden, besteht immer die Gefahr, dass Inhalte und Sinnzusammenhänge verzerrt wiedergegeben werden, darum ist es sehr wichtig, sich klar und deutlich auszudrücken. Nirgends ist es einfacher, Wirklichkeit manipuliert darzustellen als im Fernsehen.

Persönlich hege ich keine großen Sympathien für das Medium Fernsehen, es erfordert eine Wahrnehmungsgeschwindigkeit, die mir und meinem Schaffen leider nicht liegt. Aber zweifellos kann es hilfreich sein, um als kreativ Schaffender zu mehr Bekanntheit zu gelangen. Mit einem Beitrag in einem der größeren Sender erreichen Sie schnell einige Millionen Menschen, und auch die Beiträge auf Lokalsendern werden von vielen Tausend Menschen wahrgenommen.

Mehr noch als bei den Printmedien sind Empfehlungen oder Beziehungen zum Fernsehen förderlich. Das Fernsehen fährt auch noch viel mehr auf trendige Themen ab als die Printmedien. Nützlich sind natürlich spektakuläre Bilder – wenn Ihre Arbeit Bildmaterial zu bieten hat, haben Sie gute Chancen.

Andererseits gibt es eine ganze Reihe von Kulturmagazinen, die über auch visuell wenig spektakuläre kreativ Schaffende berichten. Sie sollten die Sendungen kennen, um deren Aufmerksamkeit Sie sich bemühen.

Sollten Sie die Chance haben, häufiger im Fernsehen oder im Radio live aufzutreten, so lohnt es sich, einen Coach zu kontaktieren, der Sie gezielt auf Fernsehauftritte vorbereitet. Oft handelt es sich um Schauspieler oder Schauspielausbilder, die über das nötige Know-how verfügen und Sie in Sachen Körpersprache und Sprechtraining weiterbringen können.

Öffentlichkeitsarbeit

Öffentlichkeitsarbeit (englisch: Public Relations, PR) ist nicht zu verwechseln mit Pressearbeit. Pressearbeit gehört zwar nach Möglichkeit dazu, dennoch kann man PR auch ohne Pressearbeit machen.

Die Pressearbeit kann dazu dienen, auf eine Public-Relations-Arbeit aufmerksam zu machen, deshalb gehen sie meistens Hand in Hand. Auch Werbung, Anzeigen, Mailings und jede andere Marketingmaßnahme können Bestandteil der PR sein.

Die englische Bezeichnung beschreibt am besten diese Tätigkeit: In der PR geht es um die Beziehungen zur Öffentlichkeit, sie umfasst also jegliche Tätigkeit, die dazu beiträgt, öffentliche Aufmerksamkeit auf Sie zu lenken. Als PR gelten auch das Verteilen eines Flyers, die Teilnahme an einer öffentlichen Diskussionsrunde, der Besuch einer Veranstaltung, auf der es um »Sehen und Gesehenwerden« geht.

Kreativ tätige Menschen machen oft aus ihrem Selbstverständnis heraus Dinge, die nicht direkt etwas mit ihrem Beruf zu tun haben, die ihrem Ansehen in der Öffentlichkeit jedoch nützen.

Wenn Firmen sich für karitative Zwecke engagieren, handelt es sich in der Regel um PR-Maßnahmen. Sie erhoffen sich, damit ihr Image zu verbessern und dadurch ihr Produkt oder ihre Dienstleistung vorteilhafter zu vermarkten.

Nehmen wir einmal an, Sie sind ein kreativ Schaffender, der Häuser verschönert. Da Ihnen Häuser am Herzen liegen, was läge dann näher, als für das Jugendheim in Ihrer Stadt zu spenden oder es sogar – kostenlos – zu renovieren? Wie kann dieses Engagement zu PR werden?

- Während Sie am Jugendheim arbeiten, dürfen Sie an der Straßenfront Plakate anbringen, die auf Ihren Einsatz hinweisen.
- Das renovierte Gebäude wird auf ewig an Sie erinnern. Auf dem Infomaterial oder der Webseite des Jugendheims tauchen Sie als Sponsor auf.
- Jugendliche bauen, wenn sie erwachsen sind, Häuser. Vielleicht erinnert sich einer an Ihren Einsatz.
- In Ihrem Werbematerial können Sie auf die Aktion hinweisen.
- Aufgrund von Pressearbeit erscheint ein Artikel über Ihren Einsatz und viele Tausend Menschen lesen von Ihrem Tun.

Viele Menschen und Firmen stellen Geld oder Dienstleistungen zur Verfügung, ohne dass die Öffentlichkeit je davon erfährt. Das geschieht sehr oft.

Wenn eine Firma oder ein freier Unternehmer jedoch mittels PR die Öffentlichkeit über sein Engagement informiert, möchte er unter Umständen Folgendes erreichen: Die Menschen sollen ihn als sozial engagiert wahrnehmen und nicht nur als Unternehmer. Er erhofft sich davon einen Sympathiebonus. Dieser Bonus kann sich auszahlen, wenn zum Beispiel ein potenzieller Auftraggeber von zwei Hausgestaltern Angebote einholt. Ist das Preis-Leistungs-Verhältnis der beiden in etwa gleich, so überlegt der Kunde, wem er den Auftrag vergibt. Beide Hausgestalter gelten als zuverlässig und solide – doch hatte nicht vor einiger Zeit die Zeitung berichtet, dass er sich sozial engagiert? Sollte man vielleicht diesem Mann, der über seinen Tellerrand hinaus denkt, den Auftrag geben?

Es gibt Künstler, die regelmäßig Partys im Atelier veranstalten, unabhängig davon, ob es gerade neue Kunstwerke zu bestaunen gibt oder nicht. Manch einer schafft es, dadurch zu einem regelrechten Szenetreff zu werden. Als Partylöwe im Bewusstsein der Menschen zu sein, ist gute PR für einen Künstler, der sinnliche, wilde, lustvolle Werke schafft.

Wenn Sie Yogalehrerin sind, dann sind es nicht die wilden Partys, sondern vielleicht Meditationskonzerte in Ihren Räumen. Die Menschen nehmen wahr, dass Sie nicht nur mit Yoga Geld verdienen, sondern auch junge Musiker einladen und dass Sie sich um die geistige Erbauung, um die Kulturszene Ihres Standorts bemühen. Einigen ist das egal, Hauptsache, Sie geben guten Yogaunterricht. Viele Menschen aber suchen Nähe und Sinn, und für diese sind Sie interessant.

Wohlgemerkt, die erwähnten Aktionen sind noch keine PR. Erst wenn Sie das, was Sie tun, auch mit der Öffentlichkeit kommunizieren, bezeichnet man das als PR. Auf den Punkt bringt es der Satz: »Tue Gutes und rede darüber.«

Kreative Menschen pflegen sich Gedanken über den Lauf der Welt und über benachteiligte Mitmenschen zu machen. Viele engagieren sich in irgendeiner Form, ohne an PR zu denken.

Bei großen Firmen und Konzernen ist das hingegen fast immer Kalkül. Sie entlassen morgens 1000 Mitarbeiter, um den Aktienkurs zu heben, und abends treten sie als Sponsoren von Kulturevents auf. Sie fördern den Sport für Jugendliche, damit diese die von ihnen hergestellten Turnschuhe kaufen. Die Turnschuhe aber lassen sie in Schwellenländern unter menschenunwürdigen Arbeitsbedingungen produzieren.

Naomi Klein hat das in ihrem Buch *No Logo!* nur allzu deprimierend dokumentiert: Die Global Players verheizen Menschen und Natur in den armen Ländern der Welt und schmücken sich über Szene-Sponsoring, karitative Aktionen und imagebildende Werbung mit einem Äußeren, das nicht daran erinnert, dass die Firmenpolitik auf Blut und Geld beruht.

Möbelfirmen und Hamburger-Ketten verkaufen Produkte, die auf Kinderarbeit beruhen, Hightech-Konzerne bauen nebenbei Kraftwerke, auch wenn dafür ein Dorf ausradiert wird. Tankstellenketten unterstützen Diktatoren, die Umweltschützer in ihren Ländern systematisch hinrichten lassen. Und die PR engagiert sich, um mit tollen Aktionen zu zeigen, dass wir es mit doch sehr sozialen und menschenfreundlichen Firmen zu tun haben. Das ist aber Augenwischerei, denn immer weniger Menschen lassen sich für dumm verkaufen – und damit sind wir an dem Punkt, den kreativ Schaffende oder kleine, ernsthaft bemühte Unternehmer diesen Giganten voraushaben: Wir können authentisch sein!

Sie sollten sich nur engagieren und es den Menschen kommunizieren, wenn das Ihrer inneren Einstellung entspricht. Auf Dauer sickert es sonst durch, dass Sie Gutes tun, nur damit darüber berichtet wird.

Es geht grundsätzlich um Tätigkeiten in der Öffentlichkeit, die nicht direkt mit Ihrem Beruf in Verbindung stehen, die jedoch dazu führen, dass die Menschen Sie (und letztlich auch Ihren Beruf) in einem Kontext wahrnehmen, der nicht direkt mit Werbung oder Marketing oder Verkaufen zu tun hat. Natürlich sollte es sich um Tätigkeiten handeln, die Sie in einem guten Licht erscheinen lassen.

Es gibt auch richtig schlechte PR. So wie bei Shell vor einigen Jahren, als der Ölkonzern die Ölplattform »Brent Spar« im Meer versenken wollte. Shell gibt Millionen für PR und Werbung aus, aber als Greenpeace die Plattform besetzte, war der Konzern zu stur, um die unangenehme Situation zu seinen Gunsten zu wenden. Er bekämpfte die Regenbogenkrieger bis aufs Blut und geriet dadurch in ein Imagetief.

Gute PR wäre es gewesen, beim ersten Anzeichen, dass der Greenpeace-Einsatz die Öffentlichkeit fasziniert, den Schritt nach vorn zu wagen und bekanntzugeben, dass gemeinsam mit der Umweltorganisation nach Wegen geforscht wird, die alten Plattformen umweltfreundlich zu entsorgen.

Aber nein, der Konzern stellte sich stur. Schlechte PR. Niemand tankt bei einem Konzern, der sich so darstellt. Mit ein bisschen Verstand kann jeder von Greenpeace angegriffene Gigant billigste PR aus dem Angriff machen, er würde dadurch weit mehr Geld sparen als durch seine Umweltverschandelung. Es gibt eine Menge Bücher darüber, wie man den Angriff seiner Kunden nutzt, um Kapital daraus zu schlagen. Aber an den Spitzen dieser Giganten sitzen keine Querdenker, die würden nicht mit scharfer Munition auf Greenpeace schießen.

Für Kreative gibt es nur wenige Möglichkeiten, miese PR auszulösen. Wenn Sie Kindertheater veranstalten und wegen Kindesmissbrauchs vor Gericht stehen, würde es miese PR sein. Aber wenn Sie von Herzen arbeiten, authentisch sind und sich gern engagieren möchten, weil es immer etwas zu tun gibt, dann lassen Sie es die Welt wissen. Informieren Sie die Medien, notieren Sie es in Ihrem Infomaterial, sprechen Sie mit den

Menschen über Ihre Projekte. Tun Sie Gutes und reden Sie darüber, oder lassen Sie andere darüber reden.

Ich kannte zum Beispiel einen Künstler, der regelmäßig in Szenekneipen auftauchte, wenn er Bilder verkauft hatte. Er kam zur Kneipentür hinein und rief dem Wirt quer durch den Raum zu: »Eine Runde für alle, ich habe heute gut verkauft!« Der Mann war oft eine Woche später wieder pleite, aber jeder in der Stadt kannte ihn. Seine Geste verhalf ihm zu einem positiven Image – und das hat sich wiederum auf die Wahrnehmung seiner Arbeit ausgewirkt. So etwas ist gute PR.

PR ist einfach alles, was uns in die Wahrnehmung der Menschen rückt. Für kreativ Tätige dient PR dazu, von der Umwelt auf mehrdimensionale Weise wahrgenommen zu werden. Es geht nicht unbedingt darum, den Bekanntheitsgrad zu steigern, sondern zu vertiefen, ihm im Bewusstsein der Menschen eine neue Facette hinzuzufügen.

Kreative Menschen stehen im Licht der Öffentlichkeit. Dieses Licht nicht nur zu nutzen, um selbst gut dazustehen, sondern auch, um auf Missstände oder Möglichkeiten, gegen diese anzugehen, hinzuweisen, sollte eine Selbstverständlichkeit sein. Wer sollte sonst nach Wegen suchen, wie man den Schmerz lindern kann?

In den letzten Jahren haben die Veranstaltungen, bei denen Künstler ihre Arbeit für einen karitativen Zweck gespendet haben, sprunghaft zugenommen. Initiativen, Vereine und Institutionen fragen regelmäßig an, ob man nicht Kunstwerke für Versteigerungen stiften möchte. Der Erlös kommt dem Veranstalter oder seinem mehr oder weniger karitativen Ziel zunutze. Künstler lassen sich bereitwillig darauf ein, weil viele von ihnen eine ausgesprochen soziale Ader haben.

Doch achten Sie darauf, dass eine solche Aktion auch mit PR für Sie verbunden ist. Ihr Name sollte in einem Katalog und/ oder einer Zeitung erwähnt werden. So viel Eigennutz muss sein, denn: Sie können nämlich ein paar Hundert Ihrer Arbeiten im Jahr für solche Zwecke spenden und danach sind Sie pleite, und Sie geraten in die Fänge des Finanzamts. Machen Sie nicht überall mit! Achten Sie darauf, dass die Veranstalter Ihren Einsatz würdigen. Es ist sinnvoller, auf zwei hochkarätigen Veranstaltungen zu spenden, als auf zehn minderwertigen.

☞ **Es macht Spaß, Gutes zu tun. Achten Sie darauf, dass es auch bemerkt wird.**

In vielen Büchern zum Thema PR steht, dass die PR so ausgerichtet sein soll, dass sie Ihre Zielgruppe erreicht. Ich halte das für überholt. Zum einen kommen klar umrissene Zielgruppen immer seltener vor, zum anderen wird die öffentliche Meinung über Sie nicht nur von denen bestimmt, die Sie zu Ihrer Zielgruppe zählen. Die öffentliche Meinung wird von allen beeinflusst, die in irgendeiner Weise mit den Menschen zu tun haben, die Ihre Kunden werden könnten. Ist das Zielpublikum des spendablen Künstlers in der Kneipe eben dort in der Kneipe anzutreffen? Nein, es kaufen Leute Bilder von ihm, die nie ausgehen und dennoch von ihm und seiner verschwenderischen Lebensart hören.

Sollte die PR des Hausgestalters nur kreative Hausbesitzer erreichen? Nein! Vielleicht muss er einmal einen Flyer drucken und braucht beim Drucker ein Zahlungsziel von sechzig statt vierzehn Tagen. Und der Drucker erinnert sich, dass ein sozial engagierter Kreativer vor ihm steht, und er kommt ihm entgegen.

Wenn Sie Gutes tun und Ihre PR auf ganz bestimmte Ziele richten, dann bringen Sie sich um die wunderbaren Erfahrungen einer dynamischen Welt, in der Gutes stets Gutes nach sich zieht.

Wenn Sie präzise zielen, verpassen Sie das Leben. Denn das Leben ist nicht präzise, es entfaltet sich durch Kreativität und durch die Bandbreite aller Möglichkeiten.

Ich verrate Ihnen ein Geheimnis: Ich habe stets als Folge von beruflicher Großzügigkeit, ob ich sie mit oder ohne PR umsetzte, etwas zurückbekommen. Manchmal habe ich auf den unglaublichsten Wegen gerade durch mein Engagement neue Kunden, neue Freunde, neue Kontakte und besonders neue Erfahrungen gewonnen. Absichtsloses Tun aus der Mitte Ihrer selbst heraus führt grundsätzlich zu Resonanz. PR ist wichtig. Gutes tun aus reinem Kalkül und ohne innere Freude ist Gift für das Ego. Wenn Sie Gutes tun aus Kalkül heraus, so ist das nicht sonderlich authentisch, außer Sie sind ein kühler Typ. Aber wer ist das schon? Wir haben doch alle ein Herz ...

Werbemaßnahmen

Kombinieren und Koordinieren

W erbung bringt Ihnen mehr Erfolg, wenn Sie verschiedene Maßnahmen kombinieren und zeitlich koordinieren.
Ein Beispiel: Sie organisieren ein Event.

1. *Werbemaßnahme:* Dank Ihrer guten Pressearbeit werden drei regionale Zeitungen eine Vorankündigung Ihres Events veröffentlichen.
2. *Werbemaßnahme:* Sie senden ein Mailing an die Kunden Ihrer Adresskartei. In diesem Mailing weisen Sie auf das Event hin, das die Zeitungen angekündigt haben. Die Briefe sollten ungefähr zur gleichen Zeit wie die Presseankündigung bei Ihren Kunden eintreffen.
3. *Werbemaßnahme:* Parallel zu den Zeitungsartikeln – am besten am gleichen Tag oder kurz darauf – können Sie Plakate an den für Sie relevanten Aushängestellen plazieren.
4. *Werbemaßnahme:* Sie können auch versuchen, über lokale Radiosender mit Veranstaltungskalender eine Ankündigung Ihres Events anzubringen.

Hier gilt wieder: Je häufiger der potenzielle Kunde Ihre Werbung in verschiedenen Medien wahrnimmt, desto größer ist die Chance, dass er zu Ihrem Event kommt.

Achten Sie in Zukunft bewusst auf die Marketingkampagnen für große Hollywoodfilme. Wenn die Kampagne gut ist, dann ist die Werbung für den Film in Funk, Fernsehen, Kino, sämtlichen Printmedien (von *Playboy* bis *Spiegel*) und im Internet zu sehen.

Künstler verfügen jedoch weder über das Budget eines Hollywood-Blockbusters noch über die Zeit für so umfassende Aktionen. Darum muss man sich gut überlegen, welche Werbemaßnahmen am effizientesten sind. Konzentrieren Sie sich auf zwei bis drei Maßnahmen, die Sie in Ruhe und mit Sorgfalt planen, vorbereiten und durchführen können. Koordinieren Sie ihren Ablauf.

Die Botschaft sollte in allen Werbemaßnahmen gleich sein. Weniger ist mehr. Es geht darum, Werbung wiedererkennbar zu machen und die Nachfrage der Kunden zu steigern. Beobachten Sie Werbekampagnen in den Medien, Sie können viel davon lernen.

Visitenkarten als Werbeträger

Sie sollten unbedingt immer Visitenkarten bei sich haben. Eine Visitenkarte ist eine sehr einfache, günstige und effektive Art, Werbung für sich zu machen. Sie können jedem Menschen Ihre Karte reichen, das wirkt nicht aufdringlich. Übergeben Sie die Karte mit ein paar begleitenden Worten über Ihr Tätigkeitsfeld. Sie werden staunen, welche Wege Visitenkarten nehmen. Manch eine Karte kann Ihnen einen Kunden noch nach Jahren zuführen.

Auf einer Visitenkarte sollten folgende Informationen stehen: Ihr Name, Ihre Anschrift, Ihre Telefon- und Faxnummer, Ihre E-Mail-Adresse und eventuell die Internetadresse Ihrer Homepage. Darüber hinaus darf eine Visitenkarte noch zwei bis drei wichtige Informationen enthalten:

- Ihr Logo,
- Ihren Beruf,
- Ihren Wahlspruch (Slogan).

Das Logo bietet eine visuelle Information: Sie prägt sich schneller ein als Worte. Es schafft einen Wiedererkennungseffekt, wenn es ein weiteres Mal, zum Beispiel auf einer Einladung, auftaucht.

Ihre Berufsbezeichnung macht Sie erfolgreich. Was nützt einem Geschäftsmann nach vier Jahren eine Karte, auf der zum Beispiel nur Fred Freska steht? Er sucht einen Restaurator für die Fresken seiner neu angemieteten Geschäftsräume. Also muss auf der Karte unter Ihrem Namen angegeben sein, was Sie anbieten:

Fred Freska
Restaurator

Damit sind Sie über Ihre Karte immer zu identifizieren. Aber was für ein Restaurator sind Sie?

Es gibt bestimmt einige Dutzend Spezialisierungen für Restauratoren. Ein Wahlspruch hilft:

Fred Freska
Restaurator
Ihr Spezialist für Freskenerneuerung

Ausgefallene Formate bringen nicht viel. Sie erhöhen zwar die Aufmerksamkeit bei der Übergabe, doch wo soll die Karte dann landen? Sie passt in keine Geldbörse, in kein Karteikästchen, in keine Visitenkartenmappe. Aber in den Mülleimer. Und da landen Un-Formate dann auch.

Denken Sie daran: Im Direktmarketing ist nicht die Inszenierung Ihres Genies gefragt, sondern das Bestreben, es dem Kunden einfach zu machen, Ihre Botschaft zu erfassen. Visitenkarten sollten in handelstypische Ordnungssysteme passen. Zudem sind die Standardformate auch am billigsten zu produzieren.

Eine Alternative zur üblichen Visitenkarte sind doppelseitige Karten oder Klapp-Visitenkarten. Sie sind im Standardformat, bieten aber eine Menge Werbefläche mehr.

Visitenkarten gibt es in allen Preisklassen. Auf edelstem Papier gedruckt können sie 50 bis 70 Cent pro Karte kosten. Viele Druckereien bieten sehr gute Qualität zu günstigeren Preisen an. Auch Billiganbieter im Internet locken mit Angeboten von weit weniger als 10 Cent pro Karte. Die günstigste Variante: Die Visitenkarten mit Computer und Drucker selbst herstellen. Im Bürofachhandel gibt es Druckbögen verschiedenster Qualität günstig zu kaufen. Mit dem Word-Programm kann man seine eigene Visitenkarte mühelos gestalten.

Die Mundpropaganda:
Der
Königsweg
des Marketings

Ich bin ein Fan der Mundpropaganda, sie kostet nichts, Sie müssen nur Sie selbst sein, etwas zu bieten haben und eine Visitenkarte besitzen.

Es gibt nicht wenige Künstler, die ohne jede Ausgabe für Werbung Umsatzmillionäre geworden sind – einfach weil ihr Angebot so überzeugend war. Mundpropaganda bedeutet: Es gelingt Ihnen, dass anerkennend, empfehlend, lobend, positiv über Sie geredet wird.

Die Vorteile des Empfehlungsmarketings

Empfehlungsmarketing ist deshalb so gut, weil wir alle lieber etwas empfohlen bekommen, als selbst etwas Neues auszuprobieren, von dem wir noch nicht wissen, ob es etwas taugt.

Gehen Sie zum Zahnarzt, den Sie in den Gelben Seiten gefunden haben oder lieber zu dem, den Ihnen Ihre Tante Martha empfohlen hat? Lassen Sie die Hauselektrik von einem Elektroinstallateur machen, von dem Sie eine Werbung gesehen haben oder von dem, den Ihnen ein Freund empfiehlt? Schauen Sie sich einfach irgendeinen Film an oder eher einen Film, den Ihnen Ihre Kollegen empfohlen haben? Empfehlungen kommen in der Regel von Menschen, die wir kennen, denen wir trauen oder die Gutes von der empfohlenen Person erfahren haben. Umsatzstarke Heilpraktikerpraxen laufen fast alle nach dem Empfehlungsprinzip. Einen Kassenarzt sucht man oft auf, weil er in der Nähe ist und man – außer dem Krankenkassenbeitrag und der Praxisgebühr – nicht direkt zu zahlen braucht. Einen Heilpraktiker zahlt man aus eigener Tasche, also entscheidet man sich nur für den, der die beste Leistung bietet. Eine gutgehende Heilpraktikerpraxis ist fast immer ein Garant dafür, dass der Heiler weiterempfohlen wird.

Wie wird man weiterempfohlen?

1. Durch zufriedene Kunden.
2. Durch Menschen, die entweder von zufriedenen Kunden oder aus den Medien Positives über einen gehört haben.
3. Durch Menschen, die einem begegnen, zu denen man Kontakt hatte und die von diesem Kontakt zwei Dinge mitnehmen: eine Visitenkarte und eine Botschaft, die sich einprägt.

Zu Punkt 1 gibt es nicht viel zu sagen, zufriedene Kunden schaffen Sie durch all die im Buch beschriebenen Marketingmaßnahmen. Ihre Öffentlichkeits- und Pressearbeit sorgt für die unter Punkt 2 genannten Menschen. An die unter Punkt 3 heranzukommen ist ein richtiger Kitzel: Sie haben sich genügend Visitenkarten zugelegt. Jetzt können Sie, wohin immer

Sie gehen und Menschen begegnen, diese Visitenkarte hinterlassen. Stellen Sie sich freundlich vor, sagen Sie, was Sie machen und – besonders wichtig – formulieren Sie eine Botschaft, einen Schlüsselsatz darüber, was Ihr Schaffen ausmacht. Es muss ein Slogan sein. Er muss kurz und leicht einprägsam sein. Er muss den Menschen etwas vermitteln, was sie vielleicht einmal brauchen können.

Im Gegenzug dürfen Sie ruhig nach dem Beruf Ihres Gegenübers fragen und um seine Karte bitten. Wer weiß, vielleicht brauchen Sie oder ein Freund sie wirklich einmal und aus den paar Sätzen, die Sie miteinander wechseln, erspüren Sie oft schon, ob Sie Ihrem Gegenüber vertrauen können. Warum hinterlässt jeder Polizist oder Agent in einem Krimi seine Visitenkarten bei Menschen, von denen er gerne etwas wissen möchte? Die Visitenkarte ist ein energetischer Trick. Sie wird irgendwann aus der Brieftasche, der Hosen- oder Jackentasche genommen und noch einmal kurz betrachtet. Dabei taucht Ihre Botschaft oder zumindest Ihre Erscheinung vor dem geistigen Auge des Betrachters auf. Wenn beides gewirkt hat, dann wird er die Visitenkarte in einen Ordner oder eine Kartei legen und aufbewahren. Wenn Sie bei ihm nicht angekommen sind, wandert sie in den Mülleimer.

Je besser der Eindruck, desto besser die Merk- und Ablagewirkung. Irgendwann gibt es einen netten Abend unter Nachbarn, und man kommt auf die Kunst zu sprechen. Die Nachbarn der Person, die Sie getroffen haben, suchen ein modernes Gemälde. »Ah!«, sagt derjenige, dem Sie die Karte einst gegeben haben, »ich habe einen interessanten Künstler kennengelernt, er hat mir seine Karte gegeben. Vielleicht schaut ihr einfach mal bei ihm rein (oder auf seine Homepage).«

Ein großer Teil von Kaufentscheidungen wird aufgrund von Empfehlungen gefällt. Nutzen Sie diese Option. Visitenkarte und ein nettes Wort sind Zaubertricks!

Service über den Verkauf hinaus

Europa ist eine Servicewüste, und Deutschland schneidet in vielerlei Hinsicht oft gar nicht zu übel ab. Dennoch ist echter Dienst am Kunden – statt Service könnte man auch Marketing sagen – weitgehend ein Fremdwort.

Gutes Marketing beinhaltet stets guten Service. Guter Service heißt, dass Sie sich Gedanken darüber machen, was Ihren Kunden vor, während und nach dem Erwerb ihres Angebots helfen und gefallen könnte. Gewöhnlich überlegen sich viele nur, wie der Käufer zu ihnen gelangt. Wie er sich dabei fühlt und wie er das Produkt nutzt, ist ihnen offensichtlich egal.

Was bedeutet der Ausspruch: »Der Kunde ist der König«? Ich gebe dem König das Gefühl, dass er mir wichtig ist. Ich nehme den König in seiner Gesamtheit wahr. Ich bin zuvorkommend, freundlich und hilfreich zu ihm. Ich versuche zu erraten, was der König braucht, um sich bei mir königlich zu fühlen. Wenn der König schlecht gelaunt ist, reagiere ich nicht ebenfalls mit schlechter Laune. Schlechte Laune ist in diesem Zusammenhang das Privileg des Königs.

Wenn der König etwas anderes will, als ich es will, dann versuche ich, im Rahmen meiner ethischen und moralischen Vorstellungen dem König entgegenzukommen.

Wenn der König mein Haus verlassen und vielleicht etwas bei mir erworben hat, vergesse ich den König nicht sogleich, sondern sende ihm gelegentlich Grüße oder Einladungen und informiere ihn bestimmt über alles, was mit seinem Kauf zu tun hat.

Wenn der König kurz nach seinem Kauf feststellt, dass der Gegenstand, den er erworben hat, nicht seinen Vorstellungen entspricht, versuche ich, die Ware auszutauschen oder nachzubessern und die Zweifel des Königs zu zerstreuen.

Nie würde ich dem König das Gefühl vermitteln, er sei ein Betrüger oder nicht in der Lage, ein Urteil über meine Arbeit zu fällen – es sei denn, es ist offensichtlich, dass der König mich betrügen möchte. Aber dann ist es nicht mehr mein König.

Ob der Kunde Ihr König ist, zeigt sich besonders dort, wo Sie über Ihren eigenen Schatten springen und dem Kunden einen Wunsch erfüllen, der über den eigentlichen Verkaufsprozess hinausgeht. Ein besonderes Serviceangebot wie Probenutzungen, Rückgaberecht, Lieferdienst, Produktberatung auch nach dem Kauf sind feine Zugaben. Ganz besonders zeigt es sich dort, wo der König unleidlich oder gar frech zu Ihnen wird. Kommen Sie ihm mit Sanftmut und Verständnis entgegen, dann beruhigt sich sein königliches Gemüt, und am Ende werden alle glücklich sein. Wunderbare Welt des Marketings.

Schlechten Königsservice kennt eigentlich jeder Mensch, der gerne und oft essen geht. Eine typische Situation kann so aussehen: Ihr Essen hat wirklich nicht gut geschmeckt, vielleicht haben Sie es sogar stehenlassen. Der Bedienung sagen Sie: »Es hat überhaupt nicht geschmeckt!« Wie reagiert die Bedienung?

»Oh, das tut mir sehr leid!«, ist schon eine nette Reaktion.

»Das tut mir sehr leid, darf ich Ihnen einen Schnaps oder Kaffee anbieten?«, ist schon seltener zu hören.

Oft bekommt man aber auch zu hören: »Das kann nicht sein! Das schmeckt allen anderen Gästen gut!«

Und natürlich muss man das Gericht immer bezahlen.

Perfektes Marketing sieht anders aus. Ein Freund erzählte mir, dass er in den USA mit seiner Frau in einem Restaurant essen war, das für seine feine Küche bekannt war. Seiner Frau schmeckte es, doch das Gericht meines Freundes war schlecht gewürzt.

Die Bedienung bemerkte, dass mein Freund das Essen stehenließ. Sie kam an seinen Tisch und fragte, ob etwas nicht in Ordnung sei. Mein Freund gab offen zu, was er daran bemängelte. Die Bedienung bat kurz um Entschuldigung, und keine Minute später stand der Chef des Hauses am Tisch. Er entschuldigte sich und sagte, dass das Essen selbstverständlich nicht bezahlt werden müsse. Dann überreichte er meinem Freund einen Gutschein für ein Abendessen für zwei Personen mit den Worten: »Unsere Küche genießt nicht umsonst einen hervorragenden Ruf. Doch natürlich kann auch einem guten Koch einmal etwas misslingen. Wir wollen unsere Kunden zufriedenstellen, und um uns für diese Unannehmlichkeit zu entschuldigen, laden wir Sie zu einem weiteren Abendessen ein. Ich bin mir sicher, Sie werden dann von unserer Küche begeistert sein!«

Das ist perfektes Marketing. Mein Freund hat es Dutzenden Menschen erzählt, und alle haben das Lokal aufgesucht und die gute Küche genossen. Für zwei Abendessen hat das Restaurant einige Neukunden gewonnen. Billiger und eindrucksvoller kann man nicht werben.

Gegen eine so großzügige, aber im Grunde selbstverständliche Reaktion wird fast immer eingewandt: »Dann kommen ständig

Leute, die behaupten, es schmecke ihnen nicht, um sich ein weiteres Essen zu ergaunern.« Je hochwertiger der Rahmen ist, in dem ein solcher Service angeboten wird, desto seltener versuchen Kunden, zu betrügen. Zudem kann jeder geübte Selbstständige nach kurzer Zeit einschätzen, ob er es mit einem Schmarotzer oder einem ehrbaren Gast zu tun hat. Aber auch wenn jeder zweite Gast, der so reagiert, ein Schmarotzer wäre, dann wäre es immer noch eine günstige Werbemaßnahme!

Will ich meinen Kunden mit Misstrauen oder eingeschränktem Service begegnen, weil einige von ihnen moralisch fragwürdig sind? Will ich hundert Kunden ein besonderes Entgegenkommen verweigern, weil fünf von ihnen das Angebot unehrenhaft ausnutzen werden?

Kreativ Tätige kennen meistens ihre Kunden von Angesicht zu Angesicht. Wenn Sie befürchten, es mit Schurken zu tun zu haben, können Sie sich ja zurückhalten. Wollen Sie aufrichtigen Menschen wie Gandhi oder Martin Luther King Ihren Service versagen, weil es Betrüger gibt? Die Antwort des Marketings auf diese Frage kennen Sie.

Der Umgang
mit
Vermittlern

Galeristen, Verleger, Agenten, Talentsucher
und andere Feinde?

Erschreckend viele Kreative, die mir in den letzten zehn
Jahren begegnet sind, scheinen diese Einstellung zu haben. Ihre Einstellung gegenüber Galeristen, Verlegern, Plattenlabeln, Agenten und anderen zahlreichen Berufsgruppen ist oft regelrecht feindselig. Das mag von einer einseitigen Sichtweise herrühren. Viele Kreative sind der Meinung, dass ein Verlag, eine Galerie oder ein Plattenlabel von den kreativen Leistungen lebt, die sie als Schriftsteller, Künstler oder Musiker erbracht haben. Das ist jedoch nur zur Hälfte richtig. Denn sie leben vom Verkauf der kreativen Leistungen. Guter Verkauf ist ebenfalls eine kreative Leistung.

Verkaufen ist ein harter Job, ein Job, den man gelernt haben muss, sonst scheitert man allzu leicht.

Galeristen sorgen für Publikum und Käufer.

Lektoren sind die Torhüter des Verlagsprodukts Buch.

Verleger geben viel Geld aus, weil sie gemeinsam mit dem Lektor an den Autor und seine Idee glauben. In mehr als 50 Prozent der Fälle haben sie an den Falschen geglaubt, ihre

Investition und ihre Arbeit haben sich nicht gerechnet. Agenten, Talentsucher und Kulturmanager vermitteln Ihnen Möglichkeiten, die es ohne sie nur unter enormem Aufwand geben würde.

Vermittler sind das Bindeglied zwischen dem Kreativen, der Produktion, dem Vertrieb und dem Konsumenten. Ein Künstler, der sich nicht mit Vermittlern einlassen möchte, muss sich selbst um diese Faktoren kümmern.

Obwohl in den Worten Produktion, Vertrieb und Verkauf ja schon eine gehörige Portion Arbeit mitklingt (Arbeit, die bezahlt werden will) begegnen viele junge Kreative diesen Menschen nicht mit der gebührenden Achtsamkeit, sondern mit offener Abneigung, ja sogar mit Hass.

Diese emotionale Haltung kann drei Ursachen haben:

1. Vermittler kassieren eine prozentuale Provision vom Umsatz, der mit den Werken eines Künstlers gemacht wird. Für die Höhe dieser Prozente fehlt vielen unerfahrenen Künstlern jedes Verständnis.

2. Bisweilen schaffen es die besten Vermittler nicht, die Werke eines Künstlers in absehbarer Zeit an ein zahlendes Publikum zu veräußern. Die Hauptschuld hierfür schieben viele Kreative den Vermittlern zu.

3. Dem Vermittler wird unterbewusst eine ungeheure Macht zugeschrieben. Er ist es, der über Gedeih und Verderb der Kunst und der Künstler entscheidet. Personen mit großem Einfluss misstrauen wir grundsätzlich. Dennoch verleihen wir Autoritätspersonen schnell eine Aura der Macht und der Führerschaft. Der Konflikt ist vorprogrammiert.

Verabschieden Sie sich von der Vorstellung, Vermittler verfügten über Macht. Über Geld und Kundschaft zu verfügen ist keine Macht, sondern das Resultat vieler Bemühungen. Macht hat nur der, der sein Herz kennt und es vermag, dem Weg zu folgen, den es gehen will. Einen Künstler berühmt machen zu können, ist das Resultat von solidem Handwerk und Intuition, von Beziehungen – und von Arbeit.

Sie entscheiden, ob Sie in Vermittlern Machtpersonen sehen wollen oder bemühte Helfer auf Ihrem Weg zur kreativen Lebenserfüllung. Letztere Haltung ist hilfreicher!

Warum es mit Vermittlern nicht klappt

Fast jeder kreativ Tätige bekommt Absagen, wenn er sich bei Galerien, Agenten oder Verlagen mit seinem Werk bewirbt. Über 95 Prozent aller Angebote von Kreativen werden sogar abgelehnt.

Das ist größtenteils auf die Kreativen selbst zurückzuführen. Ihre Angebote taugen nicht für den Markt. Das beinhaltet jedoch keine persönliche Wertung. Die Beurteilung von Gut und Schlecht beruht auf individuellen Geschmackskriterien. Objektivität in der Bewertung kreativer Leistungen gibt es nicht.

Ein Vermittler prüft kreative Angebote immer nach einem zentralen Prinzip: Kann ich, kann meine Firma diese kreative Leistung an die uns zugängliche Kundschaft verkaufen? Lässt sich diese Frage mit einem deutlichen Ja oder einem »Womöglich schon« beantworten, dann bekommen Sie keine Absage.

Wenn Sie eine Absage bekommen, dann immer aus diesem Grund: Der von Ihnen angesprochene Vermittler ist der Meinung, er kann Ihr Angebot nicht an seine Kundschaft weitervermitteln. Immerhin haften Vermittler mit ihrer Existenz. Wenn ein Vermittler jeden ihm sympathischen Künstler annimmt, unabhängig von der Chance, sein Werk zu vermitteln, dann ist er in in wenigen Monaten pleite. Und Pleite hilft niemandem!

Um es auf den Punkt zu bringen: Ihr Angebot hat für diesen Vermittler nichts getaugt – entweder hat Ihr Marketing versagt, oder Sie haben überhaupt keine Marketingstrategien angewandt. Aber wer hört schon gerne, dass seine Erfolglosigkeit mit ihm selbst zu tun hat? Es ist doch viel praktischer, auf andere wütend zu sein. Wenn man auf andere wütend ist, muss man nicht an sich selbst arbeiten, dann schlägt man mit der Faust auf den Tisch oder zieht sich in seinen Elfenbeinturm zurück und ist über den Undank der Welt deprimiert.

Beide Reaktionen haben ihre Berechtigung. Vermittler machen regelmäßig Fehler. Sie übersehen Angebote, die das Potenzial ungeheuren Erfolgs in sich bergen. Oder sie schätzen ihre Kunden falsch ein und meinen, eine bestimmte Kreativleistung wie ein Buch, eine CD, ein Bild, eine Skulptur will niemand kaufen – dabei wollen es viele Menschen.

Hermann Hesse ist ein berühmtes Beispiel dafür. Seine Manuskripte wollte einst niemand verlegen. Nachdem er jedoch die ersten Bestseller veröffentlichte, wurden auch Texte von ihm gedruckt, die es vielleicht nicht unbedingt wert waren.

Viele heute berühmte Schriftsteller der Weltliteratur haben ihre Bücher am Anfang im Selbstverlag veröffentlicht. Regelmäßig versichern Bestsellerautoren, dass hundert Verlage ihr Manuskript nicht publizieren wollten, und der hunderterste Verlag hat dann eine Million Exemplare davon verkauft. Sie können auch Galerien abklappern, hundert Konzernen Ihre neue Erfindung anbieten, und Sie bekommen nur abschlägige Antworten – und fünf Jahre später sind Sie berühmt und vermögend.

Viele engagierte junge Künstler sind der Meinung, sie seien begnadete Genies und ihr Werk sei riesige Summen wert. Doch die wenigsten Menschen sind Genies. Also ist auch kaum ein Vermittler ein Genie. So kann es vorkommen, dass ein Vermittler – weil er kein Genie ist – nicht erkennt, dass Sie ein Genie sind und nicht für Sie tätig werden möchte.

Nehmen Sie es ihm nicht übel und suchen Sie ohne Gram und Wut weiter. Sonst treffen Sie womöglich auf ein Verkaufsgenie, der Ihr Werk zwar toll findet, Ihr frustriertes oder borniertes Gehabe aber indiskutabel, und schon haben Sie eine Chance verpasst.

Galeristen, Lektoren, Talentsucher, Agenten, Verleger und viele andere Berufsgruppen versuchen in erster Linie, die kreativen Leistungen einer Person (des Kreativen) einer anderen Person (dem Konsumenten) nahezubringen und nutzen dazu in der Regel die Wege der Produktion, des Vertriebs, der Präsentation, des Marketings. Sie sind das Bindeglied zwischen der Kunst und dem Kunstkäufer oder dem Kunstverleger (wenn Agenten Ihnen zum Beispiel einen Platten- oder Verlagsvertrag vermitteln).

Sie sind für uns Kreative von immenser Bedeutung, denn

a) es ist oft recht schwierig, die Ware Kreativität zu verkaufen,

b) kreatives Schaffen und Leben vertragen sich bisweilen nicht mit der Tätigkeit des Werbens und Vermarktens.

Ich habe zum Beispiel einen guten Teil der Vermarktung meiner Kreativität selbst in der Hand, doch das kostet Zeit. Um zu recherchieren und dieses Buch zu schreiben muss ich etwa 10 bis 20 Prozent meiner Arbeitszeit investieren, während ich 80 bis 90 Prozent meiner Zeit damit verbringe, das Buch zu verkaufen!

In der Malerei ist das Verhältnis noch extremer zuungunsten der Kreativleistung. Mit Hilfe eines oder zehn aktiver Galeristen kann ich so viel Zeit sparen, dass ich 65 bis 80 Prozent meiner Zeit für meine kreative Tätigkeit nutzen und nur noch 20 bis 35 Prozent für administrative Zwecke aufwende. Die Zusammenarbeit mit Vermittlern lohnt sich also wirklich.

Was darf ein Vermittler kosten?

Der Bereich der Provisionen, Honorare, Lizenzen, Tantiemen ist komplex und so unüberschaubar, dass man ein ganzes Buch mit Beispielen für alle Branchen und Genres füllen könnte.

Wenn es zu einer Zusammenarbeit zwischen Ihnen und einem Vermittler kommt und Sie sich nicht darüber im Klaren sind, ob die angebotenen Konditionen korrekt sind, dann hilft es

a) im Internet zu recherchieren;
b) andere, erfahrene Künstler Ihres Fachbereichs zu fragen, welche Konditionen sie bekommen;
c) bei Fachverbänden anzufragen, welche Konditionen üblich sind;
d) in Fachbüchern zu Ihrem Fachgebiet zu recherchieren;

e) sehr freundlich bei anderen Künstlern Ihres Vermittlers anzufragen, ob diese Konditionen ihnen fair erscheinen;

f) bei wirklich großen Deals einen Fachanwalt zu konsultieren.

Auf Zahlen, die von der Gewerkschaft Ver.di herausgegeben werden, sollte man sich nicht stützen. Ver.di hat zwar eine hervorragende Internetseite für kreativ Tätige und Künstler, die für diese Zielgruppe vorgeschlagenen Honorarvorstellungen sind aber oft an den Haaren herbeigezogen, nämlich viel zu hoch! Für die meisten kreativen Einsteiger sind die von Ver.di angegebenen Honorare absolut illusorisch. Natürlich wäre es nett, den begehrtesten Beruf der Welt auszuüben und gleich wie ein höherer Angestellter entlohnt zu werden.

Doch hohe Honorare und Tantiemen können nur von großen Vermittlern gezahlt werden. Wenn Sie solche Honorare erwarten, wie Ver.di sie empfiehlt, wird der Kreis möglicher Kunden für Sie sehr klein sein. Ein Verleger muss zum Beispiel 5000 bis 10 000 Exemplare eines Buches verkaufen, um an Lektoren, Übersetzer und Grafiker die von Ver.di empfohlenen Honorare zu zahlen. Mit überzogenen Forderungen vergraulen Sie sich die Kundschaft.

Professionelles Marketing ist ein beinharter Job, der sehr viel Kraft und übermäßig viel Zeit in Anspruch nimmt. Wenn Ihnen ein guter Vermittler 30 bis 80 Prozent der Arbeit abnimmt, ist er auch 20 bis 50 Prozent des Geldes wert, das Ihr Produkt erwirtschaftet. Ich möchte Ihr Bewusstsein für diese monetären Abwägungen noch mehr schärfen. Ich bin selbst Künstler und genieße das Privileg, auch Vermittler zu sein. Ich kenne beide Seiten. Für Sie können die folgenden Rechenbeispiele ein Anhaltspunkt sein, was es Sie kosten würde, langfristig professionell zu arbeiten. Wenn Sie natürlich eigene Ausstellungsräume haben, selbst layouten, nur an Endkunden und Ihre Werke nicht mit Rabatt an den Handel verkaufen, dann verbessert sich Ihre Gewinnaussicht.

Doch schärfen wir den Blick für die Kosten professioneller Vermittlung.

Erstes Beispiel: Eine Ausstellung

Ladenmiete: 1500 Euro im Monat

Druck von Einladungskarten: 300 Euro

Postversand der Einladungen an dreihundert Kunden (mit Umschlägen und Porto): rund 180 Euro

Druck einiger Plakate in Kleinstauflage: 200 Euro

Verschicken aufwendiger Pressemappen: 100 Euro

Ausrichten der Vernissage mit Wein und Knabbergebäck: 150 Euro

Die Galerie muss mehrere Tage die Woche besetzt sein, außerdem brauche ich für die Vernissage Hilfe im Ausschank. Personalkosten: 600 Euro

Insgesamt ergibt das 3030 Euro für Ihre Ausstellung für die Dauer eines Monats.

Selbstverständlich investiere ich persönlich auch noch einige Zeit in Sie, als Berater erhalte ich 80 Euro die Stunde. Und was ist mit der Zeit, in der ich als Berater und Künstler nicht selbst tätig sein kann und aufs Geldverdienen verzichte? Die lasse ich außen vor, ich liebe ja Ihr Werk und bringe mich für die Kultur ein.

Ich verlange von Ihnen 50 Prozent vom Umsatz. Das heißt,

wenn ich ein Bild für 1000 Euro verkaufe, bekomme ich 500 Euro. Von diesen 500 Euro muss ich 7 Prozent Mehrwertsteuer abführen; es bleiben also 467,29 Euro übrig.

Also muss ich für 6500 bis 7000 Euro Bilder von Ihnen verkaufen, nur um nicht draufzuzahlen. Es ist aber nicht einfach, von einem unbekannten Künstler für 6500 Euro Bilder zu verkaufen. Würde ich zudem von meiner Tätigkeit als Galerist meinen Lebensunterhalt bestreiten wollen, dann müssten es eher 8000 bis 9000 Euro oder mehr sein.

Hinzu kommen noch: die laufenden Betriebskosten (Telefonate, Fahrten, Kosten für den Grafiker, der Ihre Einladung gestaltet hat, die Versicherung Ihrer Bilder und so weiter). Eine professionell organisierte Ausstellung in einer kleinen bis mittleren Galerie kostet also ein kleines Vermögen. Viele Galeristen verfügen über alternative Einnahmequellen wie eine Werkstatt für Einrahmungen, einen Haupt- oder Nebenjob, haben günstige Ladenmieten und entwerfen selbst die Einladungen.

Dennoch muss viel verkauft werden, denn das Bild eines Anfängers verkauft sich in der Regel nicht für 3000 Euro! Ich kenne Galeristen, die viermal im Jahr berühmte Künstler ausstellen. Mit den Überschüssen aus den Verkäufen der etablierten Künstler fördern sie dann aus Idealismus die jungen Kreativen.

40 bis 50 Prozent Galerieanteil sind also völlig korrekt. Berühmte Kunsthändler bekommen bisweilen 60 bis 70 Prozent. Aber sie investieren unter Umständen auch einige 100 000 Euro in einen Künstler, bevor er seinen Durchbruch feiert.

Zweites Beispiel: Ein Buch

Als Verleger biete ich meinen Autoren 7 bis 10 Prozent vom Nettoladenpreis. Das klingt nach sehr wenig Geld. Aber rechnen wir mal: Das Buch kostet in der Buchhandlung 18 Euro. Der Nettopreis liegt bei 16,82 Euro. Der Autor bekommt 10 Prozent, also 1,68 Euro pro verkauftes Exemplar. Viele Menschen denken: »Dann bekommt der Verleger ja den Rest. So ein Halsabschneider!« Aber rechnen wir weiter: Der Händler und Buchzwischenhändler bekommen das Buch mit durchschnittlich 47 Prozent Rabatt, also für 8,91 Euro.

Weitere Kosten:

* Verlagsauslieferung 13 Prozent von 8,91 = 7,75 Euro
* Werbung 15 Prozent von 7,75 Euro = 6,59 Euro
* Hiervon bekommt der Autor 1,68 Euro. Bleiben 4,91 Euro

Hinzu kommen die Kosten für

* Logistik (Büro, Auto, Lager, Gebühren, Arbeitszeit, Versenden von Rezensionsexemplaren),
* Lektorat und Korrektur durch einen freien Lektor,
* Grafikerleistungen,
* Druck des Buches.

Insgesamt investiere ich in einen neuen Titel zwischen 5000 und 14000 Euro. Als Kleinverleger muss ich 500 bis 2000 Bücher verkaufen, um keinen Verlust zu machen. Große Verlage müssen 3000 bis 5000 Bücher verkaufen, um in den grünen Bereich zu kommen.

Das heißt, der Verleger verdient erst nach dem Verkauf von 500 bis 5000 Exemplaren Geld an Ihnen. Er trägt also ein hohes Risiko. Die meisten Bücher, die in Deutschland veröffentlicht werden, verkaufen sich nicht 2000 Mal.

Wenn aber Ihr Buch sehr gut geht, dann hat der Verleger nach dem Überschreiten des »Brake Even Point« (wenn alle Kosten wieder eingespielt sind und Gewinn eingefahren wird) in etwa das gleiche Honorar wie Sie. Um ein Buch zu verkaufen, muss der Verleger kaum weniger Lebenszeit investieren, wie Sie in das Buch investiert haben. (Diese Zahlen sind nur Richtwerte und können erheblich variieren.)

Tröstlich ist vielleicht zu wissen: Ihr Buch sorgt direkt und indirekt dafür, dass Lektorat, Grafiker, Druckerei, Lieferservice, Auslieferer, Werbeabteilung, Zeitschriften (die Werbung drucken), Großbuchhandel und Buchhandel mitverdienen. Kreativität trägt also dazu bei, Arbeitsplätze zu erhalten.

Es mag dem ein oder anderen unverständlich erscheinen, dass das Einkommen all der eben Genannten höher liegt als das Durchschnittseinkommen eines Autors, das im Jahr 2003 bei rund 14 000 Euro lag. Das liegt einfach daran, dass die meisten von ihnen einen Beruf ausüben, während der Autor oder Künstler einer Berufung folgt. Zudem hat kaum einer in der Verwertungskette je die Chance, mit einem Big Deal eine halbe Million oder mehr zu verdienen. Sie schon.

Als ich einer bekannten Möbeldesignerin erzählte, welches Honorar ein Autor erhält, fiel sie fast in Ohnmacht. Sie rechnete mir vor, dass von einem Schlafzimmer, das man für 1000 Euro kaufen kann und das sie entworfen hat, bei ihr nur 15 bis 30 Euro hängenbleiben. Also nur 0,3 Prozent!

Der Vermittler investiert also eine ganze Menge Geld, Zeit und bisweilen Liebe, um etwas für die kreativ Tätigen zu tun. Über Geld, Zeit und Liebe verfügt aber der Vermittler nur in beschränktem Maß. Darum muss er genau überlegen, mit wem er zusammenarbeitet. Er sucht sich Kreative aus, von denen er sich erhofft, dass er sie erfolgreich vermitteln kann. Denn Erfolg ist die Voraussetzung dafür, dass er und Sie weiter existieren können.

Ganzheitliches Marketing bedeutet, dass Sie herauszufinden versuchen, wie Ihr Vermittler denkt, was es braucht, wie er einen Vorteil aus Ihrer Arbeit ziehen kann.

Am besten prüfen Sie zunächst sorgfältig das Programm des betreffenden Vermittlers (Verlag, Galerie, Label, Agent). Wenn Ihre kreative Leistung dem Angebot des Vermittlers entspricht, dann ist er ein möglicher Partner für Sie. Ein Galerist, der alte Meister verkauft, kann mit Ihrer Mappe moderner Kunst nichts anfangen. Ein Label für Klassik nichts mit Rockmusik. Eine Agentur, die sich auf Sachbuchthemen spezialisiert hat, wird Ihren Roman sicher nicht vermitteln wollen. Ein Verlag, der Fantasyromane veröffentlicht, hat kein Interesse an Lyrik. Ein Verlag, der nur die Topautoren der Lyrik druckt, verlegt keine Newcomer.

Je genauer Ihr Angebot auf das Programm des Vermittlers abgestimmt ist, desto höher sind Ihre Erfolgschancen. Dies gilt übrigens auch für die Qualität Ihrer Arbeit. Wenn ein Sachbuchverlag hochwertige Titel zu einem Themenkreis veröffentlicht, die stets einen Umfang von über 300 Seiten haben, dann brauchen Sie ihm kein mittelmäßig recherchiertes Buch mit 100 Seiten Umfang anbieten. Nehmen Sie im Zweifelsfall vorher telefonisch Kontakt zum Vermittler auf.

Die Kontaktaufnahme sollte sich an den Bedürfnissen des Vermittlers orientieren, immerhin bekommt er jeden Tag Angebote. Je professioneller der Erstkontakt, desto besser sind Ihre Chancen.

Drei Beispiele:

1. *Ein sehr großes Plattenlabel*
   Die Post bringt täglich rund fünfzig bis vierhundert Demo-CDs. Wie wählen wir heute die Demo-CDs aus, die wir anhören? Nach der Farbe der Briefmarke! Fünf Bänder von fünfzig bis vierhundert werden angehört. Das ist kein erfundenes Beispiel, sondern aus der Praxis.

2. *Eine Galerie mittleren Ranges*
   Pro Woche treffen fünf bis zehn Mappen von Künstlern per Post ein. Manchmal auch mehr. Jedes Jahr präsentiert die Galerie ein bis drei neue Künstler probeweise in einer Ausstellung.

3. *Ein mittlerer Verlag*
   Pro Woche werden etwa zwanzig Manuskripte eingereicht. Glauben Sie, dass alle sorgfältig geprüft werden? Ein Manuskript ganz durchzulesen nimmt einen bis drei Tage in Anspruch und kostet den Verleger 100 bis 500 Euro Personalkosten.

Es bringt überhaupt nichts, Manuskripte, Demo-CDs oder Bildermappen einfach an Verlage, Label oder Galerien zu schicken. In der Regel vergeuden Sie damit Ihr Geld. Nur die Post freut sich über die Hunderttausende von Blindangeboten, die sie nutzlos transportiert. Die Chance, über ein Blindangebot entdeckt zu werden, liegt unter 1 zu 250, und zwar nur, wenn Ihr Angebot spitze aufgemacht ist und zum Programm des Vermittlers passt.

Es gibt nur zwei Möglichkeiten: das Telefon oder die Türklinke. Rufen Sie den Vermittler an, bevor Sie ihm etwas zuschicken, oder gehen Sie nach vorheriger Anmeldung direkt zu ihm hin, wenn es möglich ist. Persönlicher Kontakt ist zwar nicht das A und O, aber wichtig.

Bevor Sie Kontakt zu ihm aufnehmen, sollten Sie sich darüber im Klaren sein, wie Sie Ihr Angebot in ein bis drei Sätzen spannend anbieten können. Wenn Sie einen Vermittler/ Agenten anrufen, fragen Sie ihn, ob Ihr Angebot für ihn interessant ist. Dann wird er Ihnen sagen, ob er ein vollständiges Manuskript, ein Exposé oder ein paar Textproben wünscht. Ob per E-Mail oder per Post. Findet der Vermittler Ihr telefonisches Angebot interessant, dann haben Sie bereits den Fuß in der Tür. Dann heißt es, schnell reagieren. Am nächsten oder übernächsten Tag sollte Ihr Angebot mit persönlicher Anrede unter Berufung auf Ihr Telefongespräch auf seinem Tisch liegen.

Wenn der Erstkontakt telefonisch oder per E-Mail geklappt hat und der Vermittler Sie auffordert, ihm eine Arbeitsprobe zu schicken, personalisieren Sie Ihr Anschreiben und richten Sie es direkt an ihn.

Statt: *Meine Hoffnung-Verlag*
Zukunftsstraße 119
88888 Glückshaus

schreiben Sie:	*Meine Hoffnung-Verlag* *z. Hd. Herrn Alfred Allesles* *Zukunftsstraße 119* *88888 Glückshaus*

Statt:	*Sehr geehrte Damen und Herren*

schreiben Sie:	*Sehr geehrter Herr Allesles,* *bezugnehmend auf unser Telefonat vom* *Sonntag, den 14. März, 11.15 Uhr,* *sende ich Ihnen wie besprochen ein Exposé* *nebst Textprobe …*

Ob aus Ihrem Fuß in der Tür jetzt eine Tür wird, die sich öffnet, hängt von Ihrem Angebot ab. Es sollte den Vermittler innerhalb weniger Augenblicke ansprechen. Zumindest seine Neugier sollte geweckt werden.

Mit Plattenlabels verhält es sich ähnlich wie mit den Verlagen, wenngleich es manchmal schwieriger sein dürfte, jemanden ans Telefon zu bekommen, der die Auswahl trifft. Versuchen Sie es dennoch auf diesem Weg. *Verschicken Sie bloß keine Demo-CDs, wenn das nicht ausdrücklich gefordert wird.* Das Geld investieren Sie besser in eine eigene kleine Produktion, mit der Sie auf Tour gehen.

Führt die Tour Sie an einer Plattenlabel-Firma vorbei, rufen Sie doch mal an, bieten Sie den Verantwortlichen Freikarten und Backstage-Ausweise an. Schicken Sie ihnen per Post Kopien von Zeitungsartikeln über Ihre Auftritte zu. Aber erkundigen Sie sich vorher telefonisch nach dem Namen und der Abteilung der zuständigen Person, die mit der Vorauswahl betraut ist.

Sie wollen sich bei einer Galerie bewerben? Ein Vielzahl von Bewerbungsmappen, Manuskripten und Demo-CDs passen einfach nicht zum Programm des Hauses, oder die Galerie nimmt keine neuen Künstler mehr an.

Schicken Sie nicht einfach Ihre Mappe. Sie blamieren sich nur und verraten, dass Sie ein Blindversender sind. Nehmen Sie vorher Kontakt auf!

Bewerbungstipps

* Definieren Sie für sich, welchem Genre Ihre Arbeit zuzuordnen ist.

* Fassen Sie die Botschaft Ihres Werkes in zwei bis fünf Sätzen zusammen.

* Finden Sie heraus, was die Galerie, der Verlag, das Plattenlabel für ein Programm haben. Warum sollte sich ein Pizzabäcker als Küchenchef in einem Sterne-Hotel bewerben?

* Rufen Sie bei der betreffenden Firma an.

* Lassen Sie sich mit der Person verbinden, die für Neukontakte zuständig ist.

* Notieren Sie den Namen dieser Person. Sollten Sie ihn nicht genau verstehen, haken Sie ruhig nach.

* Jetzt sind Sie an der Reihe: Seien Sie freundlich und begeistert und gehen Sie davon aus, dass Sie der König sind. Der Freigeist. Sie schöpfen aus der Mitte Ihres Seins. Sie haben das Recht, etwas feuriger zu klingen als Ihr Gegenüber. Seien Sie sachlich, aber tun Sie nicht so, als wären Sie der Meister der Welt.

Wenn Sie Ihren Gesprächspartner mit Ihrer Begeisterung,

sei sie sachlich oder temperamentvoll vorgetragen, erreichen konnten, wird er sich an das Telefonat erinnern.

Dann haben Sie maximal vier Tage Zeit, um Ihr Angebot vorzulegen. Möglich ist es auch, einen Termin für die Abgabe des Angebots abzusprechen.

Gratulation! Wenn es Ihnen gelingt, dass Ihr Gesprächspartner am anderen Ende der Leitung Interesse an Ihrem Vorschlag bekundet, sind Sie schon weiter als die meisten Mitbewerber.

Kontaktaufnahme per Telefon oder E-Mail lohnt sich übrigens. Den Kosten von 200 bis 2000 Euro für das Anfertigen und Versenden von hundert Blindmappen stehen hundert Telefonate mit Billigvorwahl gegenüber und das zielgenaue Versenden von letztlich nur noch drei bis zehn Mappen. Das spart Geld.

Ein Telefongespräch oder ein direkter Besuch ist wichtig, weil über persönliche Kontakte fast alles besser läuft. Wenn mir jemand am Telefon sympathisch ist, öffne ich seine Post mit Interesse statt mit dem Routinegefühl, schon wieder eine Blindsendung zu bekommen.

Einige Künstler stellen sich direkt beim Vermittler vor. Das ist zu begrüßen, weil man sehr häufig – auch trotz oder wegen einer Absage – nützliche Tipps bekommt. Denn wenn Sie nett und freundlich sind und Ihr Angebot liebevoll aufgemacht ist, dann tut es vielen Vermittlern leid, wenn sie nichts für Sie tun können. Nutzen Sie Ihre Sympathie. Fragen Sie nach: »Was gefällt Ihnen nicht an meinem Angebot, ich möchte dazulernen!« Oder: »Sie sind ein Profi, geben Sie mir einen Tipp, wie ich meine Chancen verbessern kann!« Oder: »Sie haben Erfahrung, an wen könnte ich mich mit meiner Arbeit wenden?« So können Sie aus einer Absage noch etwas lernen.

Verträge und Vereinbarungen

Es ist sinnvoll, schriftliche Vereinbarungen und Verträge zu schließen. Ein Vertrag ist kein Zeichen des Misstrauens. Eine formlose Vereinbarung, die beide Geschäftspartner unterzeichnen, sorgt im Zweifelsfall dafür, dass Fehler in der Kommunikation (»Was, ich bekomme nur 45 Prozent, wir hatten doch 50 Prozent ausgemacht!« – »Wie? Das Konzert soll nächsten Samstag stattfinden, wir hatten doch gesagt, am ersten Samstag im nächsten Monat«) vermieden werden.

Hat Ihr zukünftiger Partner keinen Vertragsentwurf zur Hand, dann schreiben Sie alle wichtigen Punkte Ihrer mündlich besprochenen Vereinbarungen nieder. Sollte Ihr Gegenüber den Vertrag nicht unterzeichnen wollen, so bitten Sie ihn einfach, Korrekturen vorzuschlagen.

☞ **Sollte Ihr zukünftiger Geschäftspartner sich weigern, weder einen Vertrag noch eine Vereinbarung zu unterzeichnen und auch keinen eigenen Entwurf vorlegen wollen, dann haben Sie ein sicheres Indiz dafür, dass er nicht seriös ist. Beenden Sie unbedingt die Beziehung – freundlich, bestimmt und schnell.**

Profis schätzen Verträge und schriftliche Vereinbarungen. Sie klären für beide Seiten definitiv die Rechte und Pflichten innerhalb der Geschäftsbeziehung.

Ein guter Vertrag braucht nicht länger als zwei Seiten Umfang zu haben. Er kann dynamische Komponenten enthalten und neuen Erfordernissen angepasst werden.

Sollte es um mehr als 10 000 bis 20 000 Euro Umsatz gehen, dann besorgen Sie sich Musterverträge oder investieren Sie in einen Anwalt, der einen Vertrag für Sie aufsetzt. Die Kosten teilen sich beide Seiten. Ein Anwalt sollte neutral sein und nicht die Interessen der Firma vertreten, damit der Vertrag nicht zu Ihren Ungunsten ausfällt.

Vereinbarungen per Handschlag sind zwar der edle Anfang einer Geschäftsbeziehung, doch danach sollten zumindest die wichtigsten Punkte schriftlich festgehalten werden. Wenn es nämlich finanziell eng wird, neigen viele dazu, die Pflichten beim Partner und die Rechte bei sich zu sehen. Geht es plötzlich um viel mehr Geld, ist es Vermittlern wie Kreativen zuzutrauen, dass sie dann der Meinung sind, ihnen stehe mehr zu.

Menschen mit üblem Charakter betrügen einen rotzfrech und wähnen sich dabei meistens im Recht. Oft neigt man dazu, Betrug und Anzeichen des Bankrotts nicht wahrnehmen zu wollen, obwohl sie sich bereits angekündigt haben. Selbstkritik ist auch hier angebracht: Die eigene Gier ist nicht selten Mitverursacher vieler Desaster dieser Art. Kreative bezeichnen es gern als »Vertrauen«, wenn sie ohne Vertrag arbeiten, aber meist sind sie einfach zu schludrig, um einen Vertrag aufzusetzen oder auszuhandeln.

Seriöse Unternehmer arbeiten immer mit Verträgen!

Kreative brauchen Vermittler – aber nicht nur

Vermittler sorgen für Ihr Fortkommen als kreativ Schaffender und halten Ihnen zudem zeittechnisch gesehen den Rücken frei. Der Zeiteinsatz, um ein beliebiges Werk zu verkaufen, kann oft größer sein als der, den Sie für das Schaffen Ihres Werkes benötigt haben. Je weniger Sie sich selbst um den Verkauf zu kümmern brauchen, umso mehr können Sie kreativ tätig sein oder die Füße hochlegen und Sekt oder Tee trinken.

Viele junge Kreative glauben, dass ohne Vermittler nichts läuft. Sie sind fetischistisch auf Galeristen, Verleger, Musikproduzenten und andere Vermittler fixiert. Kommen sie nicht an diese Vermittler heran, werden sie nicht von einer Galerie, einem Verlag oder einer Plattenfirma unter Vertrag genommen, lassen sie ihre Karriere zugunsten eines »normalen« Berufs sausen.

Wenn der Ruf der Kunst in einem Menschen so schwach ist, dass er meint, unbedingt einen Ausbilder oder einen Vermittler zu brauchen, um von der eigenen Kreativität zu leben, dann fehlt ihm die Berufung. Wenn der Drang, sich kreativ zu betätigen, in Ihnen groß genug ist, dann pfeifen Sie auf den Vermittler! *Die Hilfe der Vermittler ist nicht die Voraussetzung für Ihre Kreativität, sondern nur ein Hilfsmittel, ein Katalysator.*

Wenn die Bilder in Ihnen überborden, brauchen Sie keine Kunstakademie, um Maler zu werden. Wenn Sie den Drang zu tanzen haben, benötigen Sie keine Tanzschule. Wenn Sie heilen wollen, ist das Medizinstudium nicht erforderlich, und wenn Sie kochen wollen, müssen Sie nicht unbedingt eine Lehre als Koch machen.

Also brauchen Sie für die Bilder keine Galerie, für Ihre Tanz-kunst keine staatliche Bühne, für Ihre Heilkunst keine Klinik, für Ihre Kochkunst kein Restaurant, das sie beschäftigt.

Viele Künstler vermarkten sich selbst und verzichten weitge-hend auf Agenten – teils aus Überzeugung, teils, weil sie nicht die passenden Vermittler finden oder kein Agent ihr Werk so schätzt, dass er es seinen Kunden empfehlen möchte. Als Merksatz kann hier gelten:

☞ **Je mehr Selbstvermarktung, desto mehr Arbeit, die nicht direkt mit Ihrer Berufung zu tun hat.**

Wenn Sie mit den Grundlagen des Marketings vertraut und bereit sind, an sich zu arbeiten, ist dieser Weg auch möglich. Die meisten Kreativen entscheiden sich für ein Mix, zum Bei-spiel 75 Prozent Umsatz durch Direktmarketing, 25 Prozent über Vermittler. Es kommt natürlich auf die Branche an. Ich kenne zum Beispiel einige Instrumentenbauer, die verkaufen ausschließlich an Endkunden und fahren damit gut.

Wenn Sie Ihre Vermarktung selbst in die Hand nehmen wollen, müssen Sie davon ausgehen, dass Sie ungefähr 25 bis 90 Pro-zent Ihrer Arbeitszeit mit Managementaufgaben verbringen. *Mindestens die Hälfte Ihrer Arbeitszeit (und damit meist auch Arbeitskraft) wird die totale Freiheit und Unabhängigkeit Sie zu Beginn Ihrer Karriere kosten, wenn Sie erfolgreich sein möchten.*

Dieses Buch hilft Ihnen, die Dinge in die Hand zu nehmen. Je mehr Sie über das Thema Vermarktung wissen, desto besser. Auch wenn Sie mit Vermittlern zusammenarbeiten.

Die Schwierigkeiten für Selbstvermarkter entspringen meistens ihrem Unwissen: Sie verschwenden viel Zeit, Geld und Energie, weil sie gar nicht wissen, wie Vermarktung vonstattengeht.

Es ist durchaus heilsam, wenn sich kreativ Schaffende über einen gewissen Zeitraum selbst vermarkten, denn es heilt das Unverständnis für die vermittelnden Berufe. Wenn Sie sich selbst um Ihre Vermarktung bemüht haben, wissen Sie Ihre potenziellen Partner zu schätzen und ihre Qualität oder ihr Unvermögen besser einzuschätzen.

Über Gedeih und Verderb der meisten jungen Kreativen entscheidet jedoch ihre Fähigkeit, *sich selbst* zu vermarkten. Sie müssen sich *auf jeden Fall* selbst vermarkten. Entweder direkt an den Endkunden oder gegenüber den Vermittlern, die Sie wiederum an die Endkunden vermarkten. Ohne Selbstvermarktung werden Sie es nicht schaffen! Ob Sie Vermittler brauchen oder nicht, hängt auch von der Branche ab, in der Sie arbeiten.

Verlassen Sie sich darauf, dass Sie nach einer gewissen Zeit größere Professionalität im Umgang mit Ihrer Selbstvermarktung erlangen werden, vorausgesetzt Sie geben sich Mühe. Jeder fängt bei null an, mit mehr oder weniger Talent zur Organisation, Selbstreflexion und der Freude am Geschäft. Ich war eine Niete auf dem Gebiet. Inzwischen habe ich weit mehr Know-how über Marketing als die meisten Firmen, die ich in Feng-Shui-Fragen berate (Feng Shui einzusetzen ist übrigens auch eine Marketing-Maßnahme).

Alles braucht seine Zeit. Seien Sie geduldig. Wo es klappt, nutzen Sie die Hilfe von Vermittlern. Wo es fehlschlägt, arbeiten Sie an sich und Ihrer Kunst. Während Sie das tun, vermarkten Sie sich selbst. Verbinden Sie Ihr kreatives Schicksal nicht ausschließlich mit der Gunst der Vermittler.

Der Umgang
mit
Kollegen

Konkurrenzangst

Zu einem guten Marketing gehört auch der Umgang mit den Kollegen, auch gern als Konkurrenz bezeichnet. Konkurrenzdenken sorgt für weit mehr Schaden, als es Nutzen bringt. Eigentlich bringt es gar keinen Nutzen. Es wird aus Angst und Sorge geboren, aber wenn Sie von Ihrer eigenen Kreativität leben wollen, helfen Angst und Sorge nicht.

Konkurrenz kennt man von einem schon lange in Frage gestellten Sozialdarwinismus, der besagt, dass nur der Stärkste überlebt. Wir wollen besser sein als unser Bruder, unser Vater und unser Nachbar. Frauen wollen besser sein als andere Frauen; sie haben es noch schwerer. Männer neigen dazu, Frauen zu unterschätzen, und haben es dann oft auch schwerer, wenn die pfiffigen Damen links an ihnen vorbei ins Ziel ziehen.

Angst vor der Konkurrenz hat man, weil man befürchtet, nicht genug vom großen Kuchen abzubekommen. Ein großer Kuchen schmeckt zwar nicht unbedingt besser als ein kleiner Kuchen, aber wir wollen ihn trotzdem. Große Kuchen machen dick, und dick zu sein ist ungesund. Ungesund ist schlechtes Marketing. Darum ist Konkurrenzdenken schlechtes Marketing.

Aber wenn 100 000 Menschen von Ihrer Kreativität leben wollen, wie soll da genug für alle übrigbleiben? Ich habe eine beruhigende Beobachtung gemacht: Künstler, die dem Leben vertrauen, werden immer genährt. Es mag magere und fette Jahre geben, doch sie können nicht untergehen.

Eine Anekdote zur Veranschaulichung: In Australien fand einmal ein spannendes Experiment statt. Man ließ einen durchtrainierten Marathonläufer, einen bekannten Survivalexperten und einen alten Ureinwohner durch die australische Wildnis laufen, um ein Ziel zu erreichen. Der Marathonläufer kapitulierte wegen der widrigen Umstände (Hitze, Bodenbeschaffenheit, Verletzungen durch Dornen) innerhalb von vierundzwanzig Stunden. Der Survivalexperte kämpfte sich unter dramatischen Bedingungen und unglaublichem Stress zum Ziel durch. Dort brach er mental und körperlich zusammen. Der alte Aborigine aber erreichte das Ziel in der gleichen Gemütsverfassung, wie er losgegangen war. Er schien von einem Spaziergang zu kommen.

Die alten Menschen seiner Kultur betrachten das Land nicht als Gegner, den es zu bezwingen gilt, sondern als Teil ihres Selbst. Sie laufen über ihr Land, ihre Geschichte, einen Teil ihres Körpers. Es schien dem Alten völlig fremd, Angst oder Hast zu empfinden. Wovor? Wozu?

In der australischen Natur geht es härter zu als in der deutschen Zivilisation. Wir aber hasten von Angst zu Angst. Wir sind ganz schön dämlich, wir Konkurrenten. Denn es ist genug für alle da. Zwar nicht genug, damit alle Millionäre werden, aber um satt zu werden, die Miete zu zahlen und sich schöne Bücher zu kaufen, ist allemal genug da.

Das ist so sicher wie die Tatsache, dass es kein Welternährungsproblem gibt, sondern »nur« ein Verteilungsproblem. Haben Sie schon mal gehungert? Mussten Sie sich schon mal vor Kälte oder Regen fürchten, weil Sie keine Bleibe hatten? Ich meine: zu Tode gefürchtet? Wenn jemand Sie mit einer Axt bedroht und Sie sich mit dem Schwert wehren, dann stehen sich zwei Konkurrenten gegenüber. Alles andere ist unrealistisch.

Es gibt Millionen Menschen, die Milliarden und Abermilliarden Euro, Dollar, Pfund oder Yen ausgeben, so wie Sie es auch tun. Das Leben nährt uns in einem Kreis des Überflusses. Nur wer mehr essen will, als er verdauen kann, kommt auf so unhaltbare Äußerungen wie: »Künstler müssen einen harten Konkurrenzkampf führen.«

Konkurrenz hat nur der, der sie sich erfindet. Ich mache von Jahr zu Jahr immer mehr die Erfahrung, dass meine vermeintlichen Konkurrenten meine wunderbarsten Lehrer sind. So wie ich für Sie auch kein Konkurrent bin, weil ich Ihnen mein Wissen weitergebe, so werde ich von Ihnen lernen, wenn wir uns begegnen.

Ein paar Beispiele: Ihr Kollege Michael Maler verkauft dreimal so viele Bilder wie Sie. Denken Sie etwa: »Der sahnt den ganzen Markt ab, da kann ja nichts mehr für mich übrigbleiben!« Kopiert er Ihre Bilder? Oder malen Sie das Gleiche wie er? Wieso besuchen Sie nicht seine Ausstellungen und schauen, was an seinen Bildern so toll ist, dass er so viele davon verkauft? Schauen Sie sich seine Einladungen und seine Presse an. Irgendwo liegt das Geheimnis verborgen, warum die Menschen seine Bilder kaufen. Hören Sie genau zu, wenn andere über ihn reden. In ihren Worten liegen die Gründe für seinen Erfolg verborgen.

Schauen Sie auch bei Künstlern rein, bei denen es nicht so gut läuft. Achten Sie darauf, was Ihnen nicht gefällt. Wie geben sie sich, wie vermarkten sie sich? Oft machen Sie nämlich die gleichen Fehler wie diese. Es ist eine Kunst, sich in dem erkennen zu können, was man nicht mag.

Es gibt keine Konkurrenz, wenn Sie es mit dieser Einstellung angehen. Es laufen nur Lehrer herum. Es ist ein offenes Geheimnis zahlreicher Kreativer, die es geschafft haben: Sie alle erzählen davon, wie sie die erfolgreichen Kollegen beobachtet haben und von ihnen gelernt haben: Wenn Sie besser sein wollen, schauen Sie, wie es die bisher Besten geschafft haben.

Es gibt eine vortreffliche Methode, die Angst vor den anderen zu besiegen: Nehmen Sie Kontakt zu ihnen auf. Sprechen Sie die Leute an, die Ihnen Angst machen, weil sie auf dem gleichen Gebiet wie Sie eine ähnliche kreative Leistung anbieten. Vielleicht erwächst aus diesem Kontakt sogar eine fruchtbare Kooperation. Es gibt einen schönen Merksatz: »Angst klopft an der Tür. Mut macht auf. Keiner da!«

Nutzen Sie Ihre Ängste. Sich der Angst stellen, heißt dazulernen. So wird Mut geboren. Das ist gutes Marketing.

Machen Sie es sich zur Gewohnheit, mit Menschen, die Sie irgendwie fürchten, ins Gespräch zu kommen. Betrachten Sie sie als Ihre Lehrer. Wenn ich mich vor irgendwelchen Menschen geschäftlich fürchte, gehe ich auf sie zu und überlege, ob ich nicht gemeinsam mit ihnen etwas auf die Beine stellen kann. Das macht Spaß. Jeder lernt von jedem. Und wenn Ihr Gegenüber auf Ihr Angebot nicht oder ablehnend reagiert, dann ist das zwar schade, doch Sie werden feststellen, dass Ihre Angst verschwunden ist, und Sie wissen, dass der andere

Angst vor Ihnen hat. Damit lebt es sich besser, als selbst die Illusion Angst zu leben.

Tratsch und Missgunst

Es fällt immer wieder unangenehm auf: Kreative aller Sparten neigen dazu, untereinander und mit ihren Kunden über Kollegen und über die Menschen, die ihre Kunst nicht hochschätzen, abfällig zu reden. Manche reden sogar schlecht über Ihre Kunden. Zu »schlecht reden« gehört es auch, wenn jemand sagt, dass dieser oder jener Künstler nicht gut oder ein Amateur ist, den oder den nachahmt, dies oder jenes falsch macht.

Ein echter Profi, ein integrer Mensch hat es nicht nötig, über andere Menschen in einer Art zu reden, die sie in Misskredit bringen kann oder soll. Über andere schlecht zu reden, ihre Arbeit zu bemängeln, zeugt von mangelndem Selbstbewusstsein.

Profis machen das, was sie für richtig halten und reden nicht über das, was sie bei anderen für falsch erachten. So gesehen gibt es nicht allzu viele Profis. Dieter Bohlen ist zum Beispiel kein Profi. Ein so erfolgreicher Produzent, der ein ganzes Buch darüber schreibt, was er schlecht an anderen findet, ist als Mensch ein Verlierer. Vermutlich nagen tiefe Zweifel an ihm, was er als Mensch wert ist.

Die Tatsache, dass fast alle Menschen zu Tratsch neigen, täuscht nicht darüber hinweg, dass es eine ganze Menge Kunden gibt, die sich ein eigenes Urteil zutrauen. Sie sind nicht darauf angewiesen, Ihre Informationen über Dritte zu bekommen. Natürlich tratsche auch ich, doch ich bemühe mich, meine Missgunst als Spiegel meiner Ängste und Minderwertigkeitsgefühle zu erkennen und diese undienlichen Wesenszüge zu überwinden.

Eigentlich redet man nur schlecht über Leute, die einem nicht behagen. Doch eine Grundlage des Erfolgs lautet: Beschäftigen Sie sich nicht mit Menschen, die Ihnen nicht behagen. Jeder Gedanke über einen Kollegen, dessen Werk oder Erfolg Sie missachten, ist ein verlorener Gedanke. Gedanken kosten Zeit und Kalorien. Siegertypen denken über jene nach, die sie bewundern, deren Vorbild sie nacheifern.

Wenn Sie schlecht über andere berichten, wird irgendwann jemand auch über Sie schlecht reden. Das wollen Sie bestimmt nicht! Besinnen Sie sich lieber auf Ihre Qualitäten und arbeiten Sie an Ihren Schwächen. Wer die Zeit hat, über andere schlecht zu reden, hat zu viel Zeit.

Die Schöpfung hat die Welt mit herrlicher Vielfalt angelegt. Die Komplexität der Schöpfung verstehen wir recht selten. Es ist ja schon höchste Kunst, sich selbst zu verstehen. Wie soll man die anderen sechs Milliarden Menschen verstehen können? Wenn ich sie nicht verstehe, brauche ich auch nicht schlecht über sie zu reden. Suchen Sie lieber das offene Gespräch mit Menschen, die Ihnen nicht behagen.

Redet ein Kollege schlecht über Sie, und Sie reden hingegen gut über ihn, machen Sie einen sehr integren Eindruck. Wenn ein Kunde bei zwei attraktiven Künstlern nicht weiß, wem er etwas abkaufen soll, wählt er meistens den integren Künstler. Wer will, dass schlecht über ihn geredet wird, rede schlecht über andere. Das ist der sichere Weg, sich Feinde zu machen und zu beweisen, dass man im tiefsten Inneren nicht von sich selbst überzeugt ist. Reden Sie gut über Ihre Mitmenschen – oder reden Sie gar nicht über sie.

Das Nash-Prinzip

Bestimmt erinnern Sie sich, dass Sie im Biologieunterricht in der Schule gelernt haben, dass sich in der Natur der Stärkere durchsetzt: Der starke Fuchs verscheucht den schwachen Fuchs. Und noch etwas wurde Ihnen beigebracht: Der Fuchs jagt den Hasen so lange, bis die Population der Hasen abnimmt. Fortan hat die Fuchspopulation nicht mehr genug zu essen und schrumpft. Daraufhin erholt sich die Hasenpopulation. Das führt zu einem größeren Nahrungsangebot für Füchse, und die Fuchspopulation nimmt wieder zu. Mit anderen Worten heißt das: Fressen bis zum Exzess und dann darben oder ein anderes Gebiet mit Angebot aufsuchen. Um jeden Preis stark sein, oder man zahlt drauf. Die Natur ist unsere Lehrmeisterin.

Einige Wissenschaftler, die sogenannten Systembiologen, gehen hinaus in die Natur und leben jahrelang in der Wildnis oder gar unter den Tieren, um ihr Verhalten zu studieren und daraus wertvolle Lehren für den Menschen zu ziehen. Die Systembiologie hat herausgefunden, dass ein sehr zartes Geflecht von Beziehungen zwischen den Spezies und innerhalb einzelner Spezies besteht. Die Spezies betreiben eine Art Bestandspflege und fangen an, weniger zu essen, bevor die Population der Nahrungsquelle sich zu stark minimiert – und betreiben offenbar Geburtenkontrolle. Wenn das Futter knapp zu werden droht, setzen sie weniger Nachwuchs in die Welt.

Das bedeutet nicht, dass sich der Stärkere in der Natur nicht durchsetzt, aber die Forschung hat inzwischen herausgefunden, dass dieses Prinzip und »Raubbau« nur dort vorkommen, wo ein Ökosystem nicht stabil ist, oder wo eine Spezies unter außergewöhnlich starkem Stress steht.

Unsere Kultur und unsere Gesellschaft sind stark von dem Prinzip »der Starke gewinnt« geprägt. Dieses Prinzip scheint jedoch falsch zu sein, sobald man zyklisch oder in längeren Zeiträumen denkt. Die chinesischen Wissenschaften berücksichtigen das zyklische Denken schon seit Jahrtausenden, und gerade im letzten Jahrhundert hat ein Mensch namens Nash mathematisch bewiesen, dass unsere Denkart nicht unbedingt zum Erfolg führt (verfilmt in *A Beautiful Mind – Genie und Wahnsinn*).

Wirklicher Erfolg ist der Erfolg der Gruppe, der Gemeinde, des Staates, der Menschheit als Spezies, des Planeten als System. Wirklicher Erfolg setzt voraus, dass *es möglichst vielen Menschen möglichst gut und nicht nur einem sehr gut geht.* Wirklicher Erfolg heißt: Auch morgen noch geht es uns gut und nicht nur heute sehr gut. Auch den Afrikanern geht es gut und nicht nur uns Weißen. Nicht nur dem Manager geht es gut, sondern auch seiner Frau, seinen Kindern, seinen Angestellten, seinen Kunden und seinen Geschäftspartnern.

Dieses Prinzip, das Nash mathematisch bewiesen hat, ist in unserer Kultur noch nicht sonderlich bekannt: Wir denken linear. Wir denken erst an uns und dann an uns und schließlich immer noch an uns und dann vielleicht daran, dass es auch andere gibt und wie sie uns etwas Gutes tun können.

Es gibt jedoch ein langfristig effektiveres System, das auf folgendem Prinzip beruht: Wenn Sie etwas tun, achten Sie darauf, dass es sowohl Ihnen als auch der Gemeinschaft gut dabei geht. Spricht man mit Geschäftsleuten über dieses Prinzip, finden das alle gut und richtig. Doch wenn es darum geht, innovative Projekte zu initiieren, dann ist plötzlich niemand mehr bereit, den ersten Schritt zu wagen. Alle denken doch lieber nur an den eigenen Geldbeutel. Die zentrale Frage des integralen Wirtschaftsdenkens lautet: Wie kann ich mit meinem Wirken dafür sorgen, dass möglichst viele Menschen einen Vorteil aus meinem Schaffen haben und dieser Vorteil dazu führt, dass ich mein Wirken erfolgreich fortsetzen kann?

Das »Wir« ist der Weg, um das »Ich« zu befriedigen.

Versuchen Sie bei Ihren kreativen Vorhaben, darüber nachzudenken, wie Sie anderen einen Vorteil aus Ihrer Arbeit verschaffen, so dass Sie wiederum einen Vorteil aus ihrem Vorteil erhalten. Dieser Vorteil für die anderen könnte darin bestehen, dass Sie kurzfristig vielleicht weniger verdienen, sich aber langfristig auszahlen wird.

Ich selbst habe mit fast all meinen Projekten versucht, anderen Menschen direkt und indirekt Vorteile zu verschaffen, und die Vision ist gut aufgegangen. Zwar verdiene ich erheblich weniger, als man es bei der Qualität der Angebote vermuten würde, aber dafür bin ich in der Lage, unabhängig und kreativ zu arbeiten. Auch für dieses Buch habe ich mir überlegt, dass es von Vorteil für Sie ist, möglichst viele Informationen für Ihr Geld zu bekommen. Darüber hinaus halte ich es für fair, Ihnen nicht nur die technischen Marketingtricks zu präsentieren, sondern auch eindringlich darauf hinzuweisen, dass Erfolg mit der Entwicklung der Persönlichkeit einhergehen sollte, um langfristig auf qualitativ hohem Niveau zu wirken.

Dahinter steckt eine einfache Idee: Wenn Sie mit diesem Buch zufrieden sind, empfehlen Sie es weiter, kaufen vielleicht auch ein anderes Buch von mir, und Sie können die Tipps nutzen und als erfolgreicher, kreativer Freischaffender die Welt, in der ich auch lebe, bereichern. Ich trage vielleicht ein Quentchen zu Ihrem Glück bei. Es zahlt sich langfristig aus, anderen Menschen Vorteile zu verschaffen!

Es kommt nicht selten vor, dass die Umwelt diese Denkart und Vorgehensweise als gewiefte Geschäftstätigkeit auslegt und eine Falle wittert. Angst ist neben der Gier das zweite üble Kennzeichen unserer Wirtschaftskultur. Wenn Sie ein Projekt ohne Angst und Gier angehen, ist es möglich, dass viele Menschen das nicht sogleich wahrnehmen. Machen Sie sich nichts daraus. Wenn Sie dieses Prinzip beherzigen, ist das schon guter Lohn. Langfristig werden Sie integer überleben. Es hat noch nie geschadet, anderen Gutes zu tun.

Gemeinsam stark

Gerade am Anfang einer Künstlerkarriere ist es schwer, Fuß zu fassen, Kontakte zu knüpfen oder Events zu planen. Eine großartige Option bieten Ihnen Gruppen oder Gemeinschaften.

Es geht oft einfach nur darum, sich mit Gleichgesinnten zu treffen und gemütlich über Gott und die Welt und natürlich über den gemeinsamen Beruf zu plaudern. Dabei werden viele wichtige Informationen ausgetauscht. Das sind zum Beispiel Künstler-, Literaten- oder Designerstammtische.

Dann gibt es Arbeitskreise oder Ateliergemeinschaften. Da trifft man sich, um gemeinsam zu arbeiten. Das kann entweder jeder gesondert für sich tun, oder alle arbeiten an einem Themenfeld oder sogar an einer konkreten Aufgabe. Das macht viel Freude und ist sehr inspirierend.

Viele Menschen nutzen die Vielfalt und die Arbeitskraft der Gruppe, um in der Öffentlichkeit aufzutreten: Events können einfacher durchgeführt werden, weil mehrere Leute an der Planung und Arbeit beteiligt sind. Auch bekommt man gerade von offiziellen Stellen häufiger die Möglichkeit, sich zu präsentieren, wenn man als Gruppe auftritt. Die Pressearbeit ist einfacher, denn wenn ein Zeitungsartikel über zehn kreative Freischaffende berichtet, fällt er länger und ausführlicher aus, als wenn man allein daherkommt. Zudem ist es immer attraktiver, ein Event aufzusuchen, auf dem mehrere Kreative sich präsentieren. Wenn das Angebot breiter ist, ist die Chance, für jeden Geschmack etwas vorzustellen, viel größer.

Es ist einfach, mit Gleichgesinnten zusammenzukommen, wenn Sie es wirklich anstreben. Fast in jedem Fachbereich gibt es kreativ Tätige, die eine Gemeinschaft suchen.

Zum einen können Sie versuchen, zu bereits bestehenden Gruppen hinzuzustoßen. Wenn Sie aufmerksam die Tageszeitungen und Veranstaltungsblätter lesen oder in den Kleinanzeigen regionaler Monatsblätter suchen, finden Sie über kurz oder lang eine Gruppe. Zum anderen können Sie sich auch einfach im Rathaus oder in den Kulturvereinen Ihrer Stadt oder in Nachbarstädten nach bestehenden Gruppen für Ihre kreative Sparte erkundigen.

Wer behauptet, keine Gruppe zu finden, dem glaube ich nicht! Wenn Sie nicht etwas extrem Ausgefallenes anbieten, finden Sie bestimmt Gruppen im Umkreis von fünfzig Kilometern. Künstler, die trotz dieses Angebots allein bleiben, sind in der

Regel selbst schuld, denn es gibt ein Überangebot an Gruppen und Gemeinschaften.

Sollte es keine Gruppe in Ihrer Nähe geben, dann gründen Sie doch selbst eine! Durch eine oder zwei Kleinanzeigen in regionalen Blättern habe ich schon mehrfach wahre Telefonstürme entfacht. Die Kulturvereine oder Stadtverwaltungen hängen vielleicht auch ein Plakat für Sie aus; haben Sie schon einen oder zwei Partner, dann hilft Ihnen die regionale Presse, wenn Sie ihr von Ihrem Projekt erzählen. Regionalmedien sind meistens Freunde der Kreativen. Eine eigene Gruppe zu gründen ist natürlich mit Mühe und Zeiteinsatz verbunden, doch Sie können selbst festlegen, wie die Gruppe ausgerichtet sein soll.

Es gibt Kreativgruppen, in denen

- alle Kreativen mitmachen dürfen;
- nur Maler oder nur Bildhauer Aufnahme finden;
- nur eine bestimmte Stilrichtung zugelassen ist;
- gemeinsame Ausstellungen veranstaltet werden und Gruppen, die in verschiedenen Stilrichtungen zu einem Thema arbeiten und ausstellen;
- sowohl Amateure als auch Profis, nur Amateure und nur Profis zusammenkommen;
- sehr zielgerichtet (aufs Geldverdienen) gearbeitet wird (meistens sind es Profis) und solche, in denen es viele Hobbykreative gibt, die ihre Arbeit »just for fun« machen.

Wenn Sie wirklich in einer Gruppe arbeiten wollen, dann springen Sie über Ihren eigenen Schatten. Suchen Sie Events auf, bei denen Kollegen auftreten, die Ihnen gefallen, und sprechen Sie sie direkt an, ob sie Lust haben, eine Gruppe oder eine Gemeinschaft mit einer bestimmten Ausrichtung zu gründen oder sich einer Gruppe anzuschließen.

Grundsätzlich ist zu empfehlen, nur Gruppen mit Menschen zu bilden, die beruflich ähnlich ausgerichtet sind wie Sie. Wenn Sie als einziger Vollprofi mit einer Gruppe von Hobbykreativen arbeiten, kann Sie das mehr Kraft kosten, als es Ihrem Erfolg nützt. Eine schlagkräftige, motivierte, arbeitswillige Gemeinschaft kann sehr effektiv sein. Finden Sie Menschen, deren Motivation mit Ihrer übereinstimmt und die Ihnen in guten wie in schlechten Zeiten beistehen, und Sie können vieles auf die Beine stellen, was Ihnen allein nie gelingen würde.

Die Botschaft von Niederlagen und Kritik

Ein Problem unserer Zeit ist eine tiefsitzende, völlig irrationale Angst vor Kritik und dem Nichterreichen von Zielen, vor der Niederlage. Dabei ist es nichts Schlimmes, wenn man kritisiert wird oder ein Ziel nicht erreicht, denn sowohl Kritik als auch vermeintliche Niederlagen verraten uns viel über unsere Arbeit und uns selbst.

Das Streben nach Vervollkommnung ist ein edles Ziel. Vollkommenheit aber drückt sich nicht im Fehlen von Entwicklungen aus, die einen nachvollziehbaren Effekt erzielen. Die Evolution bringt neue Spezies nur hervor, weil sie sich zig Millionen Entwicklungen gönnt, die langfristig nicht bestehen. Beides bedingt einander. Erfolge sind das Resultat von zahllosen Wegen und Entwicklungen, die nicht in direkter Verbindung mit dem Erfolg stehen.

Aber uns wurde von Kindesbeinen an beigebracht: Ziele nicht zu erreichen ist ein Fehler. Fehler sind falsch. Und richtig ist das, was alle gut finden. Richtig ist, was ein Vorgesetzter (Eltern, Lehrer, Offizier, Professor, Ausbilder, Staat, Medien) gut findet. Wer hat diese Regeln denn aufgestellt? Wenn Ihnen jemand suggeriert, es sei Sünde, Wege zu gehen, die nicht zum Erfolg führen und Dinge auszuprobieren, die weder Ruhm noch Ehre noch Geld einbringen, ist das hilfreich? Solche Regeln wurden aufgestellt, um unsere Lebenslust und Kreativität einzudämmen und für Ziele anderer nutzbar zu machen.

Richtig und Falsch sind Erfindungen der Menschheit, vorangetrieben teils durch die Kirche, teils durch die Wirtschaft: Was falsch ist, ist Sünde. Was keinen wirtschaftlichen Erfolg nach sich zieht, ist wohl falsch gelaufen. Wer sündigt, wird aus dem Paradies verstoßen. Wer nicht rentabel arbeitet, wird wegrationalisiert. Das mag ja für eine Firma mit Angestellten wichtig sein, aber für den einzelnen Menschen? Was für ein jämmerlicher Schabernack, von dem wir uns da geißeln lassen!

Sie können keine Fehler machen. Der Weg, den Sie gehen, ist einmalig, wunderbar und inspiriert vom göttlichen Funken (oder – je nach Geschmack – vom Urknall). Sie haben eine Vision, und vielleicht wird sich in einigen Monaten oder Jahren zeigen, dass die Vision nicht von Erfolg gekrönt war.

Das ist aber weder schlecht noch falsch. Sie können nur das sein, was Sie sind. Wenn Sie sanftmütig und zögerlich sind, können Sie mit viel Ehrgeiz und Übung lernen, über Ihren Schatten zu springen und auch mal forsch aufzutreten. Aber Sie werden doch kein Spitzenverkäufer.

Unsere Welt ist voll von sanftmütigen Menschen, die sich als ruppige Krieger gebärden. Im harten Business und in der Politik wimmelt es von Menschen, die tagsüber hart auftreten, aber abends zu einer Domina gehen, um ein wenig rumwimmern zu dürfen. Es trägt aber nicht zur Entwicklung der eigenen Persönlichkeit bei, wenn man sich eine Rolle antrainiert, die nicht dem eigenen Wesen entspricht.

Wenn Sie einen Auftrag in den Sand setzen, weil Ihnen Ihr Gegenüber zuwider ist, was soll's! Sie leben. Sie sind Künstler, Sie leben von Ihrer eigenen Kreativität. Solange Sie für sich sorgen können, sind Sie frei, *Ihre* Fehler zu machen, und dann sind es auch *Ihre* Triumphe, die Sie feiern. Die Zusammenarbeit mit Menschen, die einem nicht liegen, zu verweigern ist ein Triumph. Diesen Luxus leisten sich nur echte Lebenskünstler!

Niederlagen sind nur möglich, wenn derjenige, dem etwas nicht wunschgemäß gelingt, seinen Misserfolg negativ interpretiert. Wenn man die gemachte Erfahrung nutzt, um daraus Erkenntnisse für neue Projekte zu gewinnen, dann sind die erfolglosen Ereignisse die Voraussetzung für den späteren Erfolg. So arbeitet man auch in der Wissenschaft: Die Forscher prüfen eine bestimmte Idee in zahllosen Varianten durch, bis eine funktioniert. Jede nicht funktionierende Variante aber wird genutzt, um den nächsten Versuch zu optimieren.

Nur wenn einer sein Leben lang immer wieder die gleichen Wege geht und nie da ankommt, wo er eigentlich hinwollte, ist er ein Verlierer. Jeder Mensch hat also die Chance, nicht zu den Verlierern zu gehören. Er muss sich nur intensiv und selbstkritisch mit dem auseinandersetzen, was ihm nicht so gut gelungen ist und es in einer neuen Variante wieder ausprobieren, bis das gelingt, was ihm vorschwebt.

Wenn Sie mit Ihrer Kreativität abgelehnt werden, dann ist in

Ihrem Werk etwas enthalten, das den Erfolg blockiert. Wenn Sie Erfolg haben wollen, sollten Sie nach der Ursache dafür forschen. Das ist Lernen. Das ist Transzendenz. Das ist Kreativität. Solange Sie eine Ablehnung oder das Nichterreichen von Zielen als Chance nutzen, an sich zu arbeiten und danach zu forschen, was die Ursache für die nicht befriedigende Wirkung war, ist es unmöglich, dass Sie eine Niederlage erleben.

In den zwölf Jahren meines Lebens als kreativ Tätigen habe ich mehr als 60 000 Euro für Maßnahmen in den Sand gesetzt, die nicht zu dem führten, was ich mir erhofft hatte. Doch ich kenne keine Niederlagen. Die Verluste haben dazu geführt, dass ich mich gefragt habe, warum es dazu kam. Und so lernte ich, wie ich arbeiten und denken muss, wenn alles von Erfolg gekrönt sein soll. Ohne diese Verluste hätte ich nie das Wissen erarbeitet, das ich Ihnen in diesem Buch zur Verfügung stelle. Ich habe die Fehler, die ich hier beschreibe, ebenso ausprobiert wie die Erfolge.

Auch habe ich mich in Bereichen der Kreativität versucht, in denen ich nicht übermäßig erfolgreich war. Bin ich deshalb gescheitert? Nein, ich habe Menschen und Vorgänge kennengelernt, die mich und meine Erfahrung bereichert haben – und sei es nur, dass ich jetzt weiß, dass sie für mich nicht geeignet sind. Ich bin noch nie gescheitert, ohne aus dem Scheitern Wissen zu schöpfen.

Wenn Sie an sich und an Ihren Weg glauben, werden Sie nie Niederlagen erleiden.

Auch in jeder Kritik ist eine Botschaft verborgen. Ein Mensch tut kund, dass ihm etwas an Ihrer Arbeit nicht gefällt.

Ihr Kritiker ist ein Mensch, der sein subjektives Urteil fällt. Seine Kritik betrifft nicht die wahre Natur Ihres Werkes. Kritik spiegelt nie die Realität, sondern nur einen individuellen Eindruck von ihr wider.

Wenn jemand sagt: »Dieses Bild ist hässlich«, meint er eigentlich: »Ich finde das Bild hässlich.« Wenn Sie Lust haben, können Sie ihn fragen: »Was finden Sie hässlich daran?« Das kommt gut an. Denn die meisten werden nicht oft gefragt und sind gern bereit, sich auszutauschen. Dann haben Sie die Chance, über die Wahrnehmung und Gefühle des betreffenden Menschen etwas zu erfahren. Sie lernen, was dieses Bild in einem Menschen auslösen kann. Eine tolle Sache.

Hören Sie sich also entspannt Kritik an. Sie ist nicht Gottes Wort, sondern eines Menschen Meinung. Auch wenn er sie hinter göttlichen Formulierungen verbirgt. Wenn Sie der Kritik offen und interessiert lauschen, betreiben Sie bestes Marketing in Form von Feldforschung. Aus erster Quelle bekommen Sie etwas über die Wirkung Ihrer Arbeit zu hören. Kritik ist Gold wert.

Kritik an Ihrem Schaffen oder an Ihrer Art lehrt Sie sehr viel über die Wahrnehmung der Menschen und über das, was da von Ihnen und Ihrem Schaffen tatsächlich ankommt. Nehmen Sie sich die Kritik zu Herzen, aber nehmen Sie sie nicht zu persönlich.

In Kritik ist nämlich auch immer ein Stück individueller Wirklichkeit verborgen. Gerade vor zwei Wochen sagte mir eine nette Frau auf einer Messe, ein Bild von mir löse bei ihr Depressionen aus, und die Farbwahl erinnere sie sehr an Blut. Nun, mich erinnert das Bild weder an Blut, noch trübt es meine Stimmung, aber vielleicht geht es anderen Betrachtern auch so wie dieser Frau. Vielleicht habe ich einen aufbauenden Strich nicht genug betont, vielleicht ist das Rot zu dominant. Ohne gleich in Panik auszubrechen, weil die Frau das Bild nicht mag, werde ich über ihre Einwände ein wenig nachdenken. Ich möchte nämlich, dass die Bildkomposition ankommt. Vielleicht braucht es nur eine Nuancierung hier, einen Strich dort, und schon gefällt sogar mir das Bild besser.

Es gibt allerdings eine Kritik, die Sie nach kurzer Prüfung in den Mülleimer Ihrer Wahrnehmung werfen sollten: Kritik, die aus Neid erwachsen ist oder einer tiefen, oft unbewussten Betroffenheit des Kritikers über die eigene Unzulänglichkeit entspringt. Wenn neidische oder unsichere Menschen Sie scharf kritisieren, dann gibt es da nichts dran zu deuteln. Vergessen Sie sie! Ihre Kritik birgt nur Dummheit und Angst.

Je wohler Ihnen jemand gesonnen ist, desto hilfreicher ist seine Kritik. Wenn Kritik nicht verletzen, verpönen oder Hass säen möchte, dann ist sie konstruktiv und ein wahrer Segen. Kritische Äußerungen von Kunden, die an Ihrem Werk interessiert sind, liefern Ihnen oft Impulse für Ihr Weiterkommen. Nutzen Sie diese einmalige Chance: Vermitteln Sie Ihren Kunden und Kritikern das Gefühl, dass Ihnen ihre Meinung willkommen ist. Der kreative Umgang mit Kritik kann Ihnen im Marketing ungemein helfen.

Perfektionismus und Kritik

Es gibt Völker, bei denen der Versuch, Perfektion anzustreben, als Gotteslästerung gilt. Sie sind der Meinung, nur die Schöpfung sei perfekt, und der Versuch des Menschen, Gott nachzueifern, sei Blasphemie.

☞ **Verzichten Sie auf Perfektion.**

Viele Zeitmanagementsysteme empfehlen, Projekte mit 85, 90 oder 95 Prozent Perfektion zu beenden, da die restlichen 5 bis 15 Prozent einen zu viel Zeit kosten. Oder: Um ein Werk zu 90 Prozent perfekt zu gestalten, brauchen Sie 10 Prozent Ihrer Projektzeit. Um die letzten 10 Prozent zu erreichen, brauchen Sie 90 Prozent der Projektzeit. In genau dieser Zeit wird jemand anderes Ihnen zuvorkommen, und Ihre Kollegen mit weniger Ehrgeiz heimsen den Erfolg ein. Und Ihr Werk wird trotz aller Mühe dennoch nicht perfekt! Es ist eine Illusion, etwas perfekt erschaffen zu wollen. Denn ob etwas gut oder schlecht ist, kommt immer auf den Betrachter an.

Der Anspruch auf Perfektion rührt häufig von einer unbewussten Angst her, für ein nicht perfektes Werk kritisiert zu werden. Es ist sinnvoll, sich dieser Angst zu stellen, denn für jeden kreativ Tätigen – und sei er noch so gut oder berühmt – wird es immer jemanden geben, der sein Werk kritisiert.

Es wird immer Kritiker für alles geben, denn Kritik wird oft aus Unverständnis und Neid geäußert. Je besser Sie sind, desto schärfer wird die Kritik sein, die Ihnen gegenüber geäußert wird. Es wird immer andere Sichtweisen, Tatsachen, Gefühle und Gedanken geben, die Sie beim Anfertigen Ihres Werkes nicht kannten und die zu seiner Vervollkommnung beigetragen hätten. Karl Valentin soll einmal sinngemäß gesagt haben: »Wenn einer sein Handwerk perfekt beherrscht, dann ist es keine Kunst mehr. Wenn er es nicht perfekt beherrscht, dann ist es auch keine Kunst.«

Der Künstler als »Marke«

Eine Marke steht für gewisse Attribute, die der Kunde zu Recht oder Unrecht mit dem Markenprodukt verbindet. Eine Marke kann so etwas wie ein Aushängeschild einer Firma und ihres Angebots sein, eine Art Qualitätssiegel. So hoffe ich zum Beispiel, dass Sie für die Marke »Sachbuchautor David Lindner« aus der Lektüre dieses Buches den Eindruck gewonnen haben, hier schreibt einer mit Herz und dem Bemühen, Ihnen etwas Gutes zu tun, Ihnen zu helfen, Ihren Weg zu gehen, Ihnen Wissen und Erfahrungen mitzugeben, die Sie bereichern.

Ich hoffe, dass Sie sich an das Preis-Leistungs-Verhältnis erinnern, wenn Sie das nächste Mal auf ein Buch von mir stoßen. Ich hoffe, ich verdiene Ihr Vertrauen als Autor. Die Marke »Sachbuchautor David Lindner« soll Ihnen einfallen, wenn Sie mal wieder ein anderes Buch von mir in den Händen halten. Sie erinnern sich vielleicht nicht mehr an Details aus diesem Buch, aber hoffentlich daran, dass es ein ehrliches Buch war, das Sie bereichert hat. Dann werden Sie vielleicht eher zu meinem Buch greifen und es kaufen, als wenn Ihnen die Marke David Lindner nicht bekannt wäre.

Man könnte eine Marke auch als Kurzzeichen oder Symbol bezeichnen. Als Identifikationszeichen. Über Marken versucht man, ein spezielles Image zu verkaufen, das Bild, das die Kunden von einem haben sollen.

Das Image sollte zum Angebot passen und es ergänzen. Wenn Sie erotische Lyrik schreiben, dann wäre es gut, Ihre Lesungen als sinnliche Ereignisse zu inszenieren, in denen Sie nicht wie ein staubtrockener Schreibtischtäter auftreten, sondern wie ein Don Juan.

Dann werden Sie zu einem Synonym für Ihr Werk. Benjamin von Stuckrad-Barre tritt als Popliterat auf, als Medien-Cowboy. Ich kenne sein Werk nicht, aber ich bin sehr daran interessiert, mal etwas von ihm zu lesen, denn er geistert als verwegenes Literaturgenie durch die Medienwelt. Ich kenne die Marke Stuckrad-Barre, bevor ich sein Werk kenne. Die Marke macht mich neugierig. Ein Medien-Cowboy, der tolle Bücher schreibt! Toll wäre es natürlich, wenn die Marke hielte, was sie verspricht. Viele Marken tun das nicht.

Die »Marke« Künstler, die Sie sind, ist maßgeblich durch Ihre Corporate Identity und Ihre PR mitbestimmt. Die Art, wie Sie öffentlich auftreten und wie Sie sich zu welchen Anlässen geben, bestimmen Ihr Image in der Wahrnehmung der Menschen. Wenn Ihr Image mit Ihrem kreativen Weg eine fruchtbare Symbiose eingeht, wenn beide halten, was sie versprechen, dann werden Sie zur Marke. Die Menschen kaufen dann nur noch bedingt, weil Ihr Angebot gut ist. Sie kaufen auch, weil das Angebot von Ihnen kommt.

Nicht alle Menschen, die sich einen Original-Picasso kaufen, haben auch Ahnung davon, was Picasso in diesem Bild zum Ausdruck bringen wollte. Sie kaufen einen Picasso – was das Bild zeigt, spielt keine Rolle. Sie wollen vom Nimbus, von der Aura, vom Ruhm Picassos profitieren. Ob jemand einen Mercedes oder einen Porsche kauft, hängt oft nicht von den Leistungsmerkmalen dieser Wagen ab. Sie kaufen das Image, die Marke.

Ein gutes Beispiel dafür lieferte mir eine Freundin. Sie fuhr einen Mercedes der S-Klasse und stieg auf einen Porsche um, weil der Porsche in der Anschaffung und im Unterhalt günstiger war – und ihre Kunden und Lieferanten zeigten sich sehr beeindruckt darüber, weil sie annahmen, dass sie nun wirklich erfolgreich sein müsse. Ist das nicht hanebüchen? Der Porsche hat das Image, ein Luxuswagen zu sein, und obwohl er billiger ist als sein Mercedesvorgänger, hat meine Freundin durch die Marke Porsche an Image gewonnen.

Wenn es Ihnen gelingt, dass die Menschen Ihnen und Ihrem Namen eine gewisse Qualität zuschreiben, dann wirken Ihre Aura, Ihr Wesen und Ihr Angebot in vielen Kaufentscheidungen mit.

Jede Marke hat aber ihre Kehrseite. Wenn das Werk weniger taugt als die Marke vorgibt, geht der Schuss schon mittelfristig nach hinten los. Die Marke wird wertlos und trägt ein Negativimage.

Ein Künstler kann sich als »Marke« etablieren, wenn er ein Symbol für sein Werk wird. Ernest Hemingway mit seinen abenteuerlichen Romanen war eine »Marke«, denn sein Leben war noch abenteuerlicher als seine Bücher. Der berühmte Schauspieler Anthony Quinn war eine »Marke«, denn er war eben der Lebenskünstler, den er oft spielte. Brad Pitt ist eine »Marke«. Er lässt Frauenherzen höherschlagen, auch wenn er so schlecht spielt wie in dem Film *Troja*. Richard Gere vermag dies ebenso. Pink Floyd ist eine so erfolgreiche Marke, dass Volkswagen doch tatsächlich ein Auto »Golf Pink Floyd« genannt hat.

Die Vorstellung, dass Menschen Ihr Angebot wegen Ihrer »Marke« und nicht wegen Ihres künstlerischen Wertes nutzen, sollte Sie nicht befremden. Wenn Ihr Angebot gut ist, wird sich seine Wirkung entfalten, und die Menschen werden es über kurz oder lang bemerken. Eben das macht ja eine Qualitätsmarke aus: dass sie hält, was sie verspricht.

Das liebe Geld

Die Zeiten, zu denen es hieß, dass Künstler nicht mit Geld umgehen können oder dass Kunst eine brotlose Kunst sei, sind längst vorbei. Kreative aller Sparten und aller Qualitäts- und Erfolgsstufen treten als erfolgreiche Selbstvermarkter und Unternehmer auf. Vor Geld Scheu zu haben, es als schnöde oder unkreativ zu empfinden, ist ein Hindernis für den Erfolg.

Geld ist eine besondere Form der Energie und etwas völlig Wertneutrales. Es stinkt nicht, und es ist nicht heroisch, arm zu sein. Natürlich ist es auch nichts Schlimmes. Es lohnt sich, über Geldfragen regelmäßig nachzudenken und die eigenen Finanzen zu überprüfen. Geld verhilft Ihnen zur Unabhängigkeit in Ihrer Kreativität.

Geld als Zeiteinheit

Geld lässt sich in Lebenskunst umrechnen. Mit Geld lässt sich Zeit erkaufen, in der man seine Kreativität ausleben kann. Dazu eine Übung: Sie brauchen Ihre Kontoauszüge, einen Stift und einen Schreibblock. Diese Übung sollten Sie mindestens

234

einmal im Jahr wiederholen. Sie hilft Ihnen auf dem Weg zum Erfolg weiter.

Rechnen Sie zusammen, wie viel Geld Sie im Monat benötigen. Die regelmäßig anfallenden Kosten sind die Miete mit Nebenkosten, Kosten für Lebensmittel, Kranken-, Haftpflicht- und eventuell Autoversicherung, Telefon, Mitgliedschaften in Vereinen und so fort. Einfach alles, was monatlich anfällt.

Dann schätzen Sie großzügig, welche Kosten sporadisch anfallen: Kleidung kaufen, essen gehen, Kosten für Arbeitsmaterialien. Die Jahreskontoauszüge helfen Ihnen, sich an alle Ausgaben, die Sie tätigen, zu erinnern. Wenn Sie alles zusammengerechnet haben, teilen Sie die Summe durch zwölf für die zwölf Monate. Die Zahl, die Sie erhalten, können Sie zu den monatlichen Fixkosten addieren.

Somit haben Sie den Geldbetrag, den Sie in einem Monat ausgeben. Gewöhnlich übersieht man etwas bei einer solchen Kostenaufstellung. Unvorhersehbare Ereignisse wie eine anfallende Autoreparatur, Kosten für Medikamente bei Krankheit oder besondere Anschaffungen sind noch nicht darin enthalten. Sie müssen sich und Ihre Art, mit Geld umzugehen, selbst einschätzen. Ich würde den Monatsbetrag jedoch mindestens um 25 Prozent aufstocken, denn es passiert sehr viel im Leben, was man nicht voraussehen kann.

Wenn Sie nun zum Beispiel durch den Verkauf eines Kunstwerks, eine Dienstleistung oder ein Konzert Geld verdienen, lässt sich sehr einfach feststellen, wie viel das Kunstwerk oder das Konzert wert war. Sie rechnen einfach um, wie lange Sie von dem verdienten Geld leben können. Leben aber heißt für einen Künstler: Wie lange kann ich mit dem Geld kreativ und unabhängig arbeiten?

Ich habe noch nie ein Bild, ein Buch oder ein Konzert gegen Geld eingetauscht. Für ein großes Bild bekomme ich nach meiner »Währung« eineinhalb Monate Künstlerleben. Für den Verkauf von hundert Büchern kann ich fünf bis sieben Tage schreiben, für ein Konzert kann ich zehn Tage Musik machen. Wie hoch der Wert meiner Bezahlung in der Währung freien kreativen Lebens ist, bestimme ich durch meinen Lebenswandel. Bin ich bescheiden, so kann ich von einem Konzert vielleicht zwanzig Tage leben. Verbringe ich meine Tage und Nächte in Saus und Braus, hält ein Konzerthonorar nur vier Tage vor.

Wenn mir ein Kunde für meine Leistungen Geld gibt, ermöglicht er mir, als Künstler zu leben. Nichts anderes ist Geld: Es ist die Energieform, die mich befähigt, meiner Kreativität zu folgen.

Wenn Kreative in Geld rechnen, vergleichen sie ihr Einkommen mit dem von Leuten, die irgendeinen Job machen, der ihnen möglicherweise keinen Spaß macht. Ist es aber sinnvoll, das Honorar eines Musikers mit dem Einkommen zum Beispiel eines Klinikarztes zu vergleichen? Der Klinikarzt hat acht Jahre Ausbildung hinter sich, eine Arbeitswoche von siebzig bis achtzig Stunden, und er muss jeden Menschen behandeln, unabhängig davon, ob es sich um einen barmherzigen Samariter oder um einen Kinderschänder handelt. Macht es Sinn, das Einkommen eines Müllmanns mit dem eines Autors zu vergleichen? Es bringt einen nicht weiter und birgt die Gefahr erheblicher Frustration, denn ein Müllmann verdient bisweilen mehr als ein Autor und die meisten Ärzte mehr als viele Künstler.

Das Ermitteln Ihres Monatsbedarfs ist eine zentrale Übung dieses Buches. Denn wenn Sie nicht wissen, was Ihr Leben als Kreativer kostet, dann wissen Sie auch nicht, was es wert ist. Wenn Sie nicht wissen, was es wert ist, können Sie es auch nicht schätzen und erst recht nicht vermarkten.

Finanzierung des Berufsstarts

Wenn Sie als junger Kreativer starten wollen, müssen Sie meistens eine entscheidende Hürde nehmen: In den ersten Monaten oder Jahren Ihrer kreativen Tätigkeit brauchen Sie Geld, denn Sie können meistens erst nach einer Weile mit Einnahmen rechnen. Bücher müssen geschrieben und Bilder gemalt werden, bevor Sie sie verkaufen können. In dieser Produktionszeit müssen Sie jedoch von etwas leben.

Für die meisten freien kreativen Berufe ist es illusorisch zu erhoffen, dass der Kreative innerhalb weniger Wochen genug verdient, um sich selbst finanzieren zu können. Das trifft aber auf Freischaffende fast aller Berufe zu. Darum sollte man nicht das künstlerische Jammertal der Hoffnungslosigkeit beweinen, sondern realistisch einsehen, dass ein Mensch, der Hemden verkauft, die gleichen Startbedingungen hat wie einer, der Kunst verkauft: Die ersten Monate und Jahre müssen finanziert werden.

Der Unterschied zwischen dem Hemdenverkäufer und dem Künstler bestand bisher darin, dass ein Hemdenverkäufer von der Bank schneller einen Kredit bekam als ein Künstler. Heute ist es nicht mehr der Fall, weil auch zu viele Hemdenverkäufer pleitegehen.

Mit einem Kredit zu starten, ist meines Erachtens ein zu großes

Wagnis für einen jungen Kreativen. Gerade zu Beginn der Selbständigkeit kann zu viel zu schief laufen, und null Komma nichts sitzt der hoffnungsvolle Kreative mit einem Haufen Schulden da.

Die meisten kreativ Tätigen beginnen ihren Beruf als Hobby und üben nebenher noch einen Hauptberuf aus. Das Hobby wird nebenberuflich ausgeübt, oder es kann im Lauf der Zeit genug Geld aus dem Hauptberuf angespart werden, um zu wagen, sich mit der kreativen Tätigkeit selbständig zu machen. Viele Kreative haben jedoch neben ihrer kreativen Berufung einen oder mehrere Jobs, um sich zu finanzieren. Beinahe erscheint es wie eine Art Prüfung: Nur wer bereit ist, auch Jobs nachzugehen, um die eigene Berufung voranzutreiben, wird es auch schaffen.

Natürlich gibt es auch Eltern, Stipendien und Mäzene, die junge Kreative fördern. Wer in den ersten Jahren das Privileg genießt, mit Unterstützung der Familie, staatlicher oder privater Subventionen zu arbeiten, kann sich glücklich schätzen. Doch diese Unterstützung muss nicht die Voraussetzung sein, damit Sie loslegen können. Die Malerin, die tagsüber malt und abends in einer Kneipe kellnert, der Bildhauer, der auf dem Bau und an Wochenenden an seinen Skulpturen arbeitet, der Buchautor, der vier Monate im Jahr im Akkord arbeitet, um die übrigen acht Monate in Ruhe zu schreiben – das ist ganz normal.

Es gibt auch keine Richtlinien, wie lange es dauert, bis Sie voll und ganz von Ihrer Kreativität existieren können. Das kommt auf die Rahmenbedingungen an. In den ersten Jahren meiner Künstlerzeit habe ich keine Miete zahlen müssen. Ich brauchte kein eigenes Auto, trug die Kleidung meines Vaters auf und fuhr per Anhalter in den Urlaub. Die Sparsamkeit hat mir geholfen, in wenigen Jahren unabhängig zu werden und genug Rücklagen zu bilden, um einen Verlag zu gründen. Ich habe jedoch Kreative in anderen Bereichen erlebt, die innerhalb weniger Monate finanziell völlig autark gearbeitet haben. Es kommt auch immer auf die Branche an und auf die Arbeit, die Sie anbieten. Wenn die Nachfrage nach Ihrem Angebot groß ist, werden Sie es schneller schaffen, als wenn sie geringer ist.

Viele Künstler schätzen es sogar sehr, zwischendurch immer wieder einen lukrativen Job anzunehmen. Das verschafft ihnen die Freiheit, ihre Kreativität nach Lust und Laune zu leben und sich nicht unbedingt an den Bedürfnissen des Marktes zu orientieren, sondern der eigenen kreativen Vision zu folgen.

Die Wahrheit über das Geld der Kreativen

Die Wahrheit über das tatsächliche Einkommen der Kreativen kennt wahrscheinlich niemand genau. Kaum ein Freiberufler sagt freiwillig, was er tatsächlich verdient. Viele Menschen führen nämlich mehr oder weniger Geld am Finanzamt vorbei. Dieses Geld taucht natürlich in keiner Einkommensstatistik auf. Der Betrag, den Kreative nicht in der Einkommensteuererklärung angeben, dürfte sehr stark variieren.

Ein Autor kann zum Beispiel so gut wie nichts schwarz verdienen. Autorenhonorare laufen grundsätzlich über die Buchhaltung der Verlage und übers Konto. Sie werden entweder pauschal oder nach Absatz gezahlt.

Bildende Künstler können hingegen bis zu hundert Bilder im

Jahr verkaufen. Dass sie dem Finanzamt die gesamte Verkaufs-summe melden, ist nicht anzunehmen. Wenn ein bildender Künstler also von 10 000 Euro im Jahr rein statistisch vor sich hinarbt, kann er durchaus 15 000 Euro verdienen. Kollegen mit sehr geringem Einkommen mogeln so gut wie nicht bei der Steuererklärung – sie haben einfach nicht genug Einnahmen, um zu mogeln. Wenn ein Künstler aber für 200 000 Euro im Jahr Bilder verkauft, dann hat er sehr wohl »Mogelmasse«. Mogeln heißt, sich strafbar machen! Wenn Sie dem Finanzamt nicht alle Einnahmen melden, dann beschweren Sie sich auch nicht, wenn es Sie bei einer Steuerprüfung über die Klinge springen lässt. Ehrlichkeit zahlt sich mit Angstfreiheit aus.

Viele Künstler haben jedoch keinen genauen Überblick über ihren Umsatz, ihre Ausgaben und ihren Gewinn. Das liegt je-doch nur zum Teil an den Künstlern selbst. Während Arbeit-nehmer ihre Lohnsteuer und die Sozialabgaben direkt abgezo-gen bekommen, wird einem Selbständigen einmal im Jahr das Gesamteinkommen versteuert. Zu einem Zeitpunkt, an dem das Geld schon lange ausgegeben wurde. Im Grunde kann man immer erst nach der Steuererklärung genau errechnen, was man im besteuerten Jahr verdient hat.

Die Zahlungsmoral

In den letzten Jahren bemerkt man immer häufiger, dass viele Firmen und Privatpersonen unbezahlte Rechnungen nicht nur als Kavaliersdelikt, Vergesslichkeit oder Schludrigkeit ent-schuldigen, sondern dass sie sich sogar brüsten, Rechnungen erst nach der letzten Mahnung oder gar nicht zu bezahlen.

Eine absichtlich nicht bezahlte Rechnung sagt über einen Zahlungspflichtigen jedoch nur aus, dass bei ihm etwas nicht stimmt. Eine Rechnung nicht pünktlich zu zahlen, ist das denkbar schlechteste Marketing.

Es gibt sehr viele wohlhabende Menschen, die geizig sind. Das finde ich beruhigend, denn es zeigt, dass Geld nicht wirklich glücklich macht. Innere Befriedigung daraus zu ziehen, knauserig zu sein, macht Sie zum Sklaven des Geldes. Geld will, wie jede Energieform, in Bewegung bleiben und fließen. Knauserigkeit will Stagnation trotz Überfluss.

Senden Sie klare Signale: Bezahlen Sie Ihre Rechnungen vor der Frist, am besten ein paar Tage, nachdem Sie bei Ihnen eingegangen sind. Nehmen Sie keine Leistungen in Anspruch, wenn Sie wissen, dass Sie sie nicht bezahlen können. Es ist das falsche Signal für ein Leben in innerem und äußerem Reichtum, wenn Sie Rechnungen nicht bezahlen oder erst nachdem Sie eine Mahnung bekommen.

Wer die Leistung anderer wertzuschätzen pflegt, kann auch seine eigene Leistung wertschätzen und dies auch von anderen einfordern. Vertrauen Sie auf das Gesetz der Resonanz. Wenn Sie stets fristgerecht bezahlen, werden auch Ihnen weniger Menschen und Firmen begegnen, die Sie nicht fristgerecht bezahlen.

Abgesehen davon, können Sie nie wissen, ob die Firma, deren Rechnung Sie nicht oder unpünktlich bezahlen, nicht irgendwann zu Ihrer Kundschaft zählen wird. Wenn Sie Ihre Rechnungen zügig zahlen, sind Sie immer ein gerngesehener Kunde. Gern gesehen zu werden ist bestes Marketing. Ihre bezahlte Rechnung wird zu Ihrer Visitenkarte.

Die Rechnung ist sehr einfach: Solange Sie nur so viel Geld

ausgeben, wie Sie tatsächlich haben, können Sie nie ins Minus geraten.

Die Rechnungsstellung

Wenn Sie selbst Rechnungen stellen, wird Ihnen schnell klar, wie schön es ist, Ihre Kunden nicht an die Zahlung erinnern zu müssen, sondern das Geld pünktlich zu bekommen. Eine Rechnung muss folgende Angaben aufweisen:

- Ihre volle Anschrift, mit Telefon- und Telefaxnummer und E-Mail-Adresse im Briefkopf (wichtig für Rückfragen des Kunden);
- die Überschrift »Rechnung«;
- eine fortlaufende Rechnungsnummer, die Sie selbst vergeben;
- den Namen des Zahlungspflichtigen und/oder seinen Firmennamen;
- die volle Anschrift des Zahlungspflichtigen;
- das Datum der Rechnungsstellung;
- das Datum der Leistungserbringung. Sie können zum Beispiel heute eine Rechnung ausstellen für ein Konzert, das Sie vor zwei Wochen bei einem Veranstalter gegeben haben;
- der berechnete Posten, so detailliert wie möglich;
- die End- bzw. Rechnungssumme;
- die Mehrwertsteuer, falls Sie mehrwertsteuerpflichtig sind. Wenn Sie nicht mehrwertsteuerpflichtig sind, geben Sie bloß nicht »inklusive Mehrwertsteuer« an, sonst müssen Sie

bei einer Steuerprüfung mit Nachzahlungen rechnen. Wenn Ihr Kunde Ihre Ware oder Leistung für sein Geschäft verwendet, holt er sich die Mehrwertsteuer vom Staat zurück, und der Staat wiederum holt sie sich dann bei Ihnen!

- Inklusive 19 oder 7 Prozent USt schreiben Sie also nur dazu, wenn Sie tatsächlich Umsatzsteuern zahlen müssen.
- Die Umsatzsteuer muss als Prozentsatz und in absoluten Zahlen sichtbar sein – wenn Sie umsatzsteuerpflichtig sind!
- Seit dem 1. Juli 2004 muss auf Rechnungen die Steuernummer des Rechnungsstellers angegeben sein. Das ist entweder die Nummer, die auf Ihrem Steuerbescheid steht oder, wenn Sie umsatzsteuerpflichtig sind, Ihre Umsatzsteuer-Identnummer (UID). Wenn Sie Ihre künstlerische oder kreative freiberufliche Tätigkeit gerade starten, erhalten Sie auf Anfrage vom Finanzamt eine neue Nummer zugeteilt.
- Das Zahlungsziel: »Um Begleichung des Betrages bis zum Soundsovielten wird gebeten.« Oder: »Betrag dankend erhalten in bar am Soundsovielten.«
- Ihre Bankverbindung. Wenn Sie sich »Rainer's Kunstatelier« nennen, Ihr Bankkonto aber unter »Rainer Rust« geführt wird, wird dem Kunden das Geld zurücküberwiesen. Folgen Sie folgendem Muster:

Bankverbindung
Kontoinhaber Rainer Rust
Konto: 02020202020202
BLZ: XXXXXXX
Name der Bank

Geben Sie auf *jeder* Rechnung Ihre Bankverbindung an. Am besten legen Sie sich im Computer ein Rechnungsformular an, auf dem alle Daten stehen, dann müssen Sie nur noch die Adresse, das Datum, die Rechnungsnummer, den Betrag und den Rechnungsgegenstand eintragen (das, was Sie verkauft oder die Leistung, die Sie erbracht haben).

Eine Rechnung, auf der Ihr Kunde alles findet, ist bestes Marketing, denn sie signalisiert: Sie bemühen sich, es Ihrem Kunden so einfach wie möglich zu machen.

Die Umsatzsteuerpflicht

Kreative Neulinge machen oft einen teuren Fehler. Sie geben auf ihrer Rechnung an: inklusive Umsatzsteuer, obwohl sie nicht umsatzsteuerpflichtig sind.

Als Einsteiger im Kreativbereich gelten Sie meist als Kleinunternehmer und können von einer sogenannten Nullbesteuerung Gebrauch machen. Ihr Jahresumsatz (also nicht der Gewinn, sondern das Geld, das Sie eingenommen haben) darf im Vorjahr 17 500 Euro und im laufenden Geschäftsjahr 50 000 Euro nicht übersteigen.

Wenn Sie auf eine Rechnung »inklusive Umsatzsteuer« schreiben, müssen Sie die erhobene Umsatzsteuer ans Finanzamt abführen. Also seien Sie vorsichtig – wenn Sie im ersten Jahr nicht gleich ein Vermögen zu verdienen gedenken, geben Sie »umsatzsteuerbefreit nach § 19,1 UStG« auf allen Rechnungen an.

Wenn Ihre Umsätze sich erfreulich entwickeln, werden Sie umsatzsteuerpflichtig. Das ist recht unangenehm, denn es bürdet Ihnen eine Menge Rechenarbeit auf. Die Berechnung der Umsatzsteuer ist aber im Grunde sehr einfach. *Ich empfehle*

Ihnen dringend, sobald Sie im letzten Geschäftsjahr mehr als 17 500 Euro Umsatz gemacht haben und im laufenden Jahr über 50 000 Euro Umsatz erwarten, einen Steuerberater oder einen erfahrenen Kollegen zu Hilfe zu nehmen. Ein Buch kann diese Arbeit nicht leisten. Wenn Ihnen ein professioneller oder erfahrener Helfer gezeigt hat, wie es geht, dann können Sie die Umsatzsteuer leicht selber abführen. Verlassen Sie sich jedoch nie auf ein Buch, weil Sie nicht merken können, ob Sie Fehler machen. Das Finanzamt aber merkt mit Sicherheit die Fehler, und dann müssen Sie nachzahlen.

Ausbleibende Zahlungen

Sie haben eine Skulptur verkauft oder einen Konzertabend bestritten, eine ordnungsgemäße Rechnung verschickt, und das Geld kommt nicht auf Ihrem Konto an. Da Sie wahrlich knapp rechnen müssen, sind Sie sauer. Holen Sie erst mal tief Luft! Unbezahlte Rechnungen sind eine Topmöglichkeit für perfektes Marketing – und es funktioniert!

Warten Sie vier bis fünf Tage nach Ablauf der auf der Rechnung angegebenen Zahlungsfrist – wenn der Kunde am letzten Tag bezahlt, benötigen die Banken manchmal drei bis vier Tage.

Schicken Sie dann Ihrem säumigen Kunden eine ausgesprochen freundliche Erinnerung. Es gibt nämlich nachvollziehbare Gründe für Verzögerungen:

* Die Rechnung ist nicht oder verzögert angekommen.
* Krankheit, Unfall, Trauerfall in der Familie des Zahlungspflichtigen

- Umzug
- Schließlich kommt es auch bei korrekten, ehrlichen Menschen schon mal vor, dass sie eine Rechnung verlieren, vergessen, verlegen.

Also keine Aufregung. Eine Zahlungserinnerung kann folgendermaßen lauten:

> *Lieber Herr Blablabla,*
> *sicher ist es Ihnen entfallen, die offene Rechnung Nr. XY vom Soundsovielten zu begleichen. Kein Problem, das passiert mir auch manchmal. Bitte überweisen Sie den fälligen Betrag von X Euro innerhalb von 8 Tagen auf u.g. Konto.*
> *Danke und mit freundlichem Gruß*
> *Ihre Unterschrift*
> *PS: Haben Sie schon meine neuesten Arbeiten auf der Webseite gesehen? Viel Spaß beim Reinschauen: www.deineInternetadresse.de*

Legen Sie eine Kopie der Originalrechnung bei. Wenn Sie den Zahlungspflichtigen persönlich oder näher kennen, lohnt es sich, ein paar nette persönliche Worte dazuzuschreiben.

Eine Alternative zur Zahlungserinnerung ist auch ein Anruf. Rufen Sie Ihren Kunden mal an und fragen Sie ihn freundlich, ob er mit der Ware oder der Dienstleistung zufrieden ist. Erst dann haken Sie nach: »Leider konnte ich noch keinen Geldeingang verbuchen. Könnten Sie bitte umgehend dran denken?« Wenn nach sieben weiteren Tagen noch kein Geld da ist, sollten Sie misstrauisch werden, jedoch mit allerliebster Wortwahl arbeiten. Denken Sie immer daran, Ihr Kunde geht vielleicht schluderig mit Zahlungen um, aber er kann trotzdem nett sein und schon bald wieder etwas von Ihnen kaufen wollen:

1. Rufen Sie Ihren Schuldner an und fragen Sie nach, was denn falsch gelaufen sei, weil Sie das Ihnen zustehende Geld noch nicht bekommen haben.
2. Weisen Sie sehr freundlich, aber bestimmt darauf hin, dass Sie mahnen müssen, wenn das Geld nicht innerhalb der nächsten paar Tage auf Ihrem Konto ist.
3. Ist das Geld nach fünf Tagen noch nicht auf Ihrem Konto, gibt es dafür außer dem Todesfall Ihres Schuldners keine Rechtfertigung. Sie müssen zumindest theoretisch davon ausgehen, dass Ihr Geschäftspartner zahlungsunwillig ist. Versenden Sie umgehend eine Mahnung. Ihr Ton sollte dennoch freundlich bleiben. Schreiben Sie, dass Sie es bedauern, mahnen zu müssen, dass Sie aber Anspruch darauf haben, für erbrachte Leistungen wie vereinbart bezahlt zu werden. Räumen Sie dem Kunden acht Tage bis zum Eingang des Geldes auf Ihrem Konto ein. Weisen Sie ihn darauf hin, dass

- bei nicht erfolgender Zahlung sofort Verzugszinsen in Höhe von 5 Prozent über dem Normsatz anfallen. Es gilt das Datum dieser ersten Mahnung;
- auch die Mahngebühren bezahlt werden müssen, und zwar in Höhe von 8 bis 10 Euro pro Mahnung;
- nach Ablauf der Fristen ein Mahnverfahren von Ihnen eingeleitet werden muss, durch das dem Zahlungspflichtigen weitere Kosten entstehen.

4. Ist die Rechnung nach weiteren acht Tagen nicht bezahlt, sollten Sie am neunten Tag die *zweite Mahnung per Einschreiben mit Rückschein* verschicken. Von nun an dürfen Sie die Mahngebühren sowie den Zinsverlust zur Rechnung hinzuaddieren.
5. Jetzt lassen Sie nicht locker. Ihr Schuldner scheint ein unzuverlässiger oder kleinkrimineller Zeitgenosse zu sein. Sie sollten zügig einen *Mahnbescheid* erwirken. Manchmal hat ein Geschäftsmann nur einen Engpass und kann im Augenblick nicht zahlen. Es besteht aber die Gefahr, dass Ihr Schuldner pleitegeht und vor dem Amtsgericht den Offenbarungseid ablegen muss. Das heißt, er schwört, kein Geld mehr zu haben, und dann ist alles zu spät. Das passiert derzeit in Deutschland ein *paar zehntausend Mal* im Jahr!

Ein Formular für einen Mahnbescheid bekommen Sie im Schreibwarenladen. Sie müssen dieses ausfüllen und an Ihr zuständiges Amtsgericht verschicken.

Vom Amtsgericht bekommen Sie eine Rechnung. Begleichen Sie sie sofort, damit alles zügig vorangeht. Nach einer Weile bekommen Sie einen sogenannten »Titel«, Ihrem Schuldner wird parallel dazu vom Amtsgericht ein Mahnbescheid zugestellt.

Senden Sie dann schnell Ihren »Titel« an einen Gerichtsvollzieher im Wohnort Ihres Schuldners; Telefonnummern und Adressen finden Sie im Telefonbuch oder auf Anfrage beim Amtsgericht des Wohnortes Ihres Schuldners. Der von Ihnen beauftragte Gerichtsvollzieher geht zu Ihrem Schuldner und bekommt von ihm entweder das Ihnen zustehende Geld, oder er pfändet Gegenstände und verkauft diese zu Ihren Gunsten.

Das hört sich prima an, und man denkt: »Super, der Staat hilft mir, mein Geld zu bekommen!« Zumindest theoretisch stimmt das auch. In der Praxis versagt dieses System fast völlig.

Wenn ein Zahlungspflichtiger die zweite Mahnung mit Mahnbescheidsdrohung unbeantwortet lässt, macht er sich auch nichts aus dem Besuch des Gerichtsvollziehers. Mir hat der Gerichtsvollzieher noch nie etwas gebracht außer Kosten, und ich kenne zahllose Kollegen der verschiedensten Branchen, denen es ähnlich geht.

Das deutsche Schuldnerrecht ist ein Jammertal und begünstigt auf infame Weise die Menschen, die mutwillig Schulden gemacht haben. Es fordert Menschen voll krimineller Energie geradezu heraus, eine Insolvenz zu ihren Gunsten durchzuziehen. Ich habe viele mittelständische und kleine Firmen in den Bankrott gehen sehen, weil ihre Kunden nicht zahlen konnten.

Nach sieben Jahren ist der Inhaber einer Firma, die Bankrott gemacht und viele Leute um Hunderttausende von Euro oder um ihre Existenz gebracht hat, von allen Schulden freigesprochen und macht weiter, als wäre nichts geschehen. Und während dieser sieben Jahre kann er es sich mit List und Tücke gutgehen lassen.

Die Chance, als kleiner freiberuflich kreativ Tätiger an Ihr Geld zu kommen, ist sehr gering. Das Rechtssystem versagt weitgehend.

Wenn Ihr Schuldner nicht pleite, sondern zahlungsunwillig ist, müssen Sie sich ebenfalls einen Anwalt nehmen, und es wird teuer. Anwälte müssen Sie bezahlen, unabhängig davon, ob sie gute Arbeit leisten oder nicht. Sie versprechen einem immer gute Chancen in einem Prozess. Sie verdienen ja auch immer daran, egal ob Sie den Prozess gewinnen oder nicht.

Ist Ihr Schuldner nur ein frecher oder sehr lahmer Mensch, und hat er nicht die Absicht, Sie zu betrügen, dann ist erfahrungsgemäß eine Mahnung mit folgenden freundlichen Hinweisen wirkungsvoll:

Sollten Sie dieser Zahlungsaufforderung nicht innerhalb von acht Tagen nachkommen, muss ich zu meinem großen Bedauern einen Mahnbescheid gegen Sie erwirken.
Die Kosten für den Mahnbescheid und den dann folgenden Besuch eines Gerichtsvollziehers gehen zu Ihren Lasten.
Mit dem Mahnbescheid erfolgt automatisch ein Eintrag bei der Schufa.
Mit dem Mahnbescheid mache ich von der Option Gebrauch, Ihre zukünftigen Rentenansprüche zu pfänden.
Es ist mir sehr unangenehm, Ihnen diesen Brief zu schreiben, denn sicher haben Sie doch nur vergessen, die Rechnung zu bezahlen. Ich bitte um Ihr Verständnis, dass ich von hier aus nicht beurteilen kann, ob ein Versehen, ein Engpass oder ein mutwilliger Zahlungsverzug vorliegt und ich den Amtsweg androhen muss.
Mit freundlichen Grüßen
Ihr Künstler Knappbeikasse

Wenn ein Schuldner auf diese Drohungen nicht reagiert, dann hat er ein dickes Fell, und die Kosten, Ihr Geld einzutreiben, übersteigen schnell die einzufordernde Rechnungssumme. Sie haben verloren!

Vorkasse

Am einfachsten aber ist es, wenn Sie keine Ware ohne Vorkasse an Endkunden abgeben. Vorkasse ist inzwischen absolut üblich und kein Zeichen von Misstrauen.

Bei Zehntausenden von Firmen- und Privatinsolvenzen in jedem Jahr gehört es in vielen Branchen zum üblichen Geschäftsgebaren, Vorkasse zu verlangen. Je höher der Betrag für eine Ware, desto eher wird Vorkasse verlangt. Einem Kunden, der sich dagegen sträubt, sollten Sie nicht nachweinen. Sie können natürlich auch pokern. Aber seien Sie eindringlich gewarnt: Man sieht Halunken nicht an, dass sie welche sind!

Bei Dienstleistungen ist Vorkasse eher unüblich, da gilt in fast allen Branchen: Erst die Leistung, dann die Bezahlung.

Von einem Galeristen, bei dem Sie ausstellen, können Sie natürlich auch keine Vorkasse verlangen.

Wenn Sie mehr als eine Mahnung im Jahr zu verschicken haben, nutzen Sie doch den Buchtipp zu diesem Kapitel. Dort sind die genauen Abläufe des Mahnwesens sowie die Möglichkeiten aufgeführt, um ohne Gerichtsvollzieher an Ihr Geld zu kommen.

Zahlungserinnerungen und Mahnbescheide können ein Mittel des Marketings sein, weil die meisten Schreiben dieser Art üblicherweise unfreundlich und bedrohlich formuliert sind. Die Kunden reagieren aber darauf sehr verärgert. Inzwischen mahne ich so, dass ein Drittel aller Angemahnten etwas Neues bei mir bestellt oder mich anruft und ich mich nett mit ihnen unterhalte.

Es ist ganz einfach und macht Spaß: Ich schreibe meine Mahnungen sehr persönlich und äußere zunächst viel Verständnis für meinen Kunden und seine Belange, weise aber auf die allgemeinen Gepflogenheiten hin, für erbrachte Leistungen wie vereinbart zu zahlen. Dann biete ich in einem Begleitschreiben ein neues Produkt an, natürlich verbunden mit der Bitte, vor der Bestellung zu zahlen, da sonst eine Bearbeitung nicht möglich ist. Meistens zahlt der Kunde dann zügig.

Merken Sie sich: Unfreundlichkeit bringt Sie in keinem Fall weiter. Freundlichkeit ist bestes Marketing. Hüllen Sie Aufklärung über mögliche finanzielle und rechtliche Folgen einer nicht stattfindenden Zahlung freundlich ein. Es soll nicht wie eine Drohung aussehen, sondern wie ein Bedauern!

Auch wenn 5 Prozent meiner Kunden ihre Rechnungen nicht zahlen, ist das kein Grund, den anderen 95 Prozent gegenüber beim ersten Anlass unfreundlich zu begegnen.

Hände weg von Krediten und Ratenzahlungen

Das Leben hält allerlei Erfahrungen für jeden von uns bereit. Einige davon sind üble Überraschungen. Wenn eine solche üble Überraschung Sie erwischt, während Sie einen Kredit abstottern, kann das Ihr berufliches Ende bedeuten. Auf jeden Fall aber schränkt das Abzahlen eines Kredites, den Sie für ein fehlgeschlagenes Projekt aufgenommen haben, Ihre Freiheit stark ein.

Die Bank gewinnt immer. Deshalb gibt sie gern Kredite. Wenn Sie einem Bankangestellten eine neue Geschäftsidee vorstellen, wird er Ihnen vielleicht einen Kredit bewilligen. Doch das heißt nicht, dass Ihre Geschäftsidee gut ist. Banken irren immer wieder gewaltig und verlieren riesige Summen Geld, weil sie Kredite falsch vergeben.

Wenn Sie für Ihren Beruf einen Kredit aufnehmen, kann eine Lebens- oder Wirtschaftskrise kleinsten Ausmaßes Sie ans Messer liefern. Operieren Sie nur mit Geld, das Ihnen gehört, ist es kaum möglich, dass eine Krise Sie und Ihren Beruf zunichte macht oder Ihre Freiheit einschränkt.

Gerade junge Unternehmen neigen dazu, sich maßlos zu überschätzen, gerade Kreative sind stets so sehr von sich und ihren Visionen begeistert, dass ihre Hoffnungen regelmäßig danebenliegen. Das ist nicht schlimm, solange man durch Fehlkalkulation oder Selbstüberschätzung keine Schulden macht.

Es gibt sicher Situationen, in denen es ohne die Aufnahme eines Kredits nicht geht. Und es gibt bestimmt zahllose erfolgreiche Firmengründungen, die ohne Bankkredit gar nicht stattgefunden hätten.

Die meisten erfolgreichen Unternehmen geben jedoch immer nur Geld aus, wenn sie eigenes Geld haben. Alle Bücher im Bereich Marketing und Unternehmensberatung, die ich gelesen habe, raten durchweg von der Aufnahme von Krediten ab.

Schulden bezahlen Sie mit Sorgen. Geliehenes Geld ist die Kugel in der Trommel des Revolvers beim russischen Roulette. Fünf Chancen, dass sie Sie nicht erwischt. Setzen Sie Ihre Geschäftsideen lieber Schritt für Schritt um. Bauen Sie sich langsam auf. Genießen Sie es, sparsam und bescheiden zu beginnen, ohne Zinslast, ohne Schulden.

Beliebt sind auch Käufe per Ratenzahlung. Lassen Sie die Finger lieber davon! *Kaum ein Finanzprofi kauft auf Raten.* Ratenkauf ist immer teurer. Wenn Sie bar und auf einmal zahlen, können Sie fast immer den Preis herunterhandeln und sei es, um nur zwei bis drei Prozent Skonto zu erhalten (Abzug vom Gesamtbetrag, falls Sie bar oder Vorkasse zahlen).

Zwischen Geld und seelischem Befinden besteht eine Verbindung. Nicht umsonst hängen Millionen Menschen in einem Teufelskreis der Schulden fest: *Ein Mensch mit unausgeglichenem Konto ist so gut wie nie eine ausgeglichene Persönlichkeit.*

In vielen Gesprächen mit verschuldeten und unverschuldeten Menschen, sowie mit solchen, die es geschafft haben, sich von ihren Schulden zu befreien, habe ich diese Erkenntnisse gewonnen. Letztere erleben durch die Befreiung von ihren Schulden immer einen erheblichen Schub in ihrer Kreativität und Lebensqualität. Fast immer gelingt es Menschen, die sich ihrer Schulden entledigt haben, in ihrem Beruf erfolgreicher zu sein.

Vermeiden Sie unbedingt, Schulden zu machen! Wenn Sie nun doch Ihr Konto per Dispokredit bereits überzogen haben, dann reden Sie mit Ihrer Bank. Es ist sinnvoller, die Disposchulden in einen Kleinkredit umzuwandeln. Für 5000 Euro Dispokredit zahlen Sie bei rund 12 Prozent Zinsen im Jahr 600 Euro Zinsen. Wenn Sie einen Kredit über 5000 Euro in Anspruch nehmen, zahlen Sie bei 5 Prozent Zinsen gerade noch 250 Euro, also 350 Euro weniger.

Projektkalkulationen

Wenn Sie Geld einsetzen, sollten Sie genau planen, was Ihre Vision kosten wird. Wenn Sie alle Ausgaben für ein Projekt genau berechnet haben, schlagen Sie noch einmal 20 bis 100

254

Prozent Ihrer errechneten Kosten darauf. Je komplexer Ihr kreatives Vorhaben wird, desto mehr sollten Sie auf Ihre Kalkulation schlagen. Das heißt, wenn Sie zum Beispiel eine CD produzieren wollen und hier zehn Kostenpunkte (Presskosten, Grafiker, Studio usw.) zusammenkommen, dann kommen Sie vielleicht mit 20 Prozent Sicherheitszuschlag zurecht. Wenn Sie ein großes Bühnenevent planen, bei dem zwanzig Firmen und hundert Künstler beteiligt sind, dann sind 50 Prozent Projektzuschlag dringend zu empfehlen.

Wenn Sie drei bis vier Projekte erfolgreich abgeschlossen haben, finden Sie bestimmt einen eigenen Schlüssel zur Einschätzung der möglichen Kosten. Doch vertrauen Sie darauf, es wird teurer als Sie planen. Sollte es wider Erwarten nicht teurer, sondern sogar billiger werden, besteht Grund zum Feiern.

Viele Pleiten kommen zustande, weil junge Firmeninhaber oder Freiberufler sich verrechnen. Sie machen dann gern die Widrigkeiten des Marktes für ihr Scheitern verantwortlich, doch ein guter Unternehmer kalkuliert diese Widrigkeiten mit 20 bis 100 Prozent ein.

Kalkulieren Sie für Ihr nächstes Projekt 20 bis 100 Prozent mehr Kosten, mehr Zeit, weniger Gewinn ein, als Sie berechnet haben. Es hilft Ihnen immer, am Ende gut dazustehen. Wenn Ihre Berechnungen stimmen, haben Sie Geld gespart, oder in der Währung der Kreativen: Sie haben Zeit für neue, unabhängige Projekte zur Verfügung.

Die unbegründete Angst vor dem Finanzamt

Gewöhnlich stöhnen alle darüber, wie grässlich man vom Staat ausgenommen wird, und jeder kennt jemanden, der bei einer Steuerprüfung ganz schrecklich vom Finanzamt übers Ohr gehauen wurde. Doch vor dem Finanzamt Angst zu haben oder über die hohen Steuern zu jammern hilft nicht weiter. Es zieht den Kreativen nur die Kraft ab, die sie für das Marketing brauchen. Die Angst vor dem Finanzamt behindert den Weg zum Erfolg.

Bevor das Finanzamt Geld von Ihnen bekommt, haben Sie eine Menge Möglichkeiten, um mit Hilfe der sogenannten *Gewinn-Verlust-Rechnung* kreativ und legal dafür zu sorgen, dass die Ansprüche des Finanzamts nicht zu hoch ausfallen. Zudem stehen Ihnen gewisse Freibeträge zu, also Gewinneinnahmen, die Sie nicht versteuern müssen.

Geschichten über Willkür und Bosheit der Finanzämter gibt es weit mehr, als es Finanzämter gibt. In der Regel tun die Sachbearbeiter lediglich ihren Job und haben nicht die Absicht, jemanden zu betrügen oder über den Tisch zu ziehen. Wenn sie aber einen Fehler machen, kann man Einspruch erheben. Die Angst vor dem Finanzamt stresst doch nur. Es gibt tausend Möglichkeiten, seine Steuerlast auf legalem Weg zu mindern. Leider steigen diese Möglichkeiten mit der Höhe des Einkommens, das ist ein Fehler der Gesetzgebung.

Grundsätzlich sollten Sie meinen Tipp befolgen: Betrügen Sie nicht! Führen Sie Ihre *Steuerunterlagen ordentlich und penibel*. Halten Sie in Zweifelsfällen mit einem Finanzbeamten oder einem Steuerberater Rücksprache.

Gehen Sie folgendermaßen vor: Sie können dem Finanzamt

einen formlosen Brief schreiben, in dem Sie mitteilen, dass Sie jetzt als freischaffender Künstler arbeiten. Sie gelten dann als Freiberufler. Als Freiberufler machen Sie eine Gewinn-Verlust-Rechnung für jedes Kalenderjahr. Sie sollten unbedingt das ganze Jahr über jede Rechnung und Quittung, die mit Ihren *Ausgaben* zu tun hat, in chronologischer Reihenfolge in einem Büroordner sammeln. So finden Sie Belege bei Bedarf schnell wieder.

Mit *Ausgaben* sind alle Kosten gemeint, die Ihnen entstehen, damit Sie Ihren Beruf als freischaffenden Künstler ausüben können. Nehmen wir einmal an, Sie sind Maler. Dann gelten als Ausgaben:

* all Ihre Malmaterialien wie Farben, Pinsel, Leinwände, Papier.
* Haben Sie ein Atelier? Dann ist das eine Ausgabe. Haben Sie in Ihrer Wohnung einen Raum oder mehrere Räume, die Sie ausschließlich als Atelier benutzen? Wenn beispielsweise Ihre 60-Quadratmeter-Wohnung einen 20-Quadratmeter-Raum hat, in dem Sie ausschließlich künstlerisch arbeiten, können Sie ein Drittel der Miete, der Nebenkosten, des Stroms und der Heizkosten als Ausgabe verbuchen.
* Haben Sie ein Telefon? Dann können Sie einen Teil der Telefonkosten als Ausgaben verbuchen, denn Sie müssen ja Kontakte mit Galerien und Kunden knüpfen, sich mit Kollegen zu Aktionen verabreden, mit der Presse telefonieren usw.
* Haben Sie sich einen Computer ausdrücklich für Ihre Büroarbeit angeschafft? Dann ist das eine Ausgabe, die Sie geltend machen können.

- Sie lassen Einladungskarten für Ihre Ateliereröffnung drucken? Das sind Ausgaben.
- Sie holen mit Ihrem Auto die gedruckten Einladungen bei der Druckerei ab? Dann können Sie die Autofahrt als Ausgabe verbuchen. Ebenso das Parkticket vom Parkplatz vor der Druckerei.
- Der Sekt und das Knabbergebäck für Ihre Vernissage-Gäste sind ebenfalls Ausgaben!

Für all diese Ausgaben müssen Sie Quittungen beziehungsweise Rechnungen sammeln. Achten Sie zum Beispiel gerade bei kleinen Quittungen wie dem Parkticket darauf, eine Notiz hinten auf die Quittung zu schreiben, warum das Parken für Ihren Beruf als Künstler wichtig war – weil Sie bei der Druckerei die Einladungen abholen mussten.

Am Jahresende enthält der Ausgabenordner dann Belege für folgende Ausgaben:

Verluste (oder auch Kosten)
Künstlermaterialien .... 2415,34 Euro
Ateliermiete und Nebenkosten
    12 × 1/3 von 480,00 Euro .... 1920,00 Euro
Telefonkosten
    im Jahr 464,00 Euro, davon 2/3 .... 309,34 Euro
Computeranlage
    Anschaffung 1200 Euro, Abschreibung
    über 3 Jahre, also dieses Jahr .... 400,00 Euro
Einladungskarten drucken .... 380,00 Euro
250 Einladungskarten verschicken
    Porto, Briefumschläge .... 300,00 Euro

Fahrtkosten	800,00 Euro
Bewirtung im Atelier	250,00 Euro
Bewirtung außerhalb	165,00 Euro
Ausgaben für das laufende Jahr	6939,68 Euro

Genauso minutiös sollten Sie auch all Ihre Einnahmen verbuchen. Zum Beispiel für den Verkauf Ihrer Bilder oder das Honorar, das Sie für die Veranstaltung eines Malkurses eingenommen haben, oder wenn Sie einen Katalog drucken lassen und ihn für 10 Euro pro Stück verkaufen. (Die Kosten für den Druck sind ja auch Ausgaben).

Jahresabrechnung

18 Bilder verkauft, Gesamtwert	21 800,00 Euro
3 Malkurse	600,00 Euro
87 Kataloge verkauft	870,00 Euro
Einnahmen	23 270,00 Euro

Und nun die **Gewinn-Verlust-Rechnung.**
Dabei wird der Verlust vom Gewinn abgezogen:

Gewinn sind Ihre *Einnahmen*	23 270,00 Euro
Verlust sind Ihre *Ausgaben*	6939,68 Euro
	16 330,32 Euro

Von diesem Betrag dürfen Sie noch Ihre Kranken- und Rentenversicherung bezahlen. Das sind 33 Prozent von diesem Betrag, also 5443,44 Euro. Gehen wir davon aus, dass Sie in der Künstlersozialkasse versichert sind und diese die Hälfte der Kosten übernimmt, bleiben 2721,72 Euro zu Ihren Lasten übrig. Diese dürfen Sie von den 16 330,32 Euro abziehen. Es bleiben folglich 13 608,60 Euro. Von diesem Betrag wird dann der Steuerfreibetrag abgezogen. Die genaue Höhe variiert, weil derzeit fortwährend Steuerreformen stattfinden. Darum können wir hier nur einen Richtwert angeben, etwa 600 Euro im Monat, also 7200 Euro im Jahr.

Dieser Betrag wird von den 13 608,60 Euro abgezogen.

Es bleiben 6408,60 Euro.

Nur dieser letzte Betrag wird versteuert! Das heißt, von den 23 270 Euro Einnahmen müssen Sie 6408,60 Euro versteuern. Es kommt dann auf die gültigen Steuersätze an, wie viel Sie zahlen müssen. Bei einer Besteuerung von 20 Prozent müssen Sie 1281,72 Euro Steuern zahlen.

Es gibt eine wirksame Methode, um die Steuerlast zu mindern: Investieren Sie in Ihr Herzblut. Investieren Sie in Ihre Kreativität. Investieren Sie in Ihre Weiterbildung. Investieren Sie ins Marketing. Je mehr Sie für Ihren Beruf ausgeben, desto weniger Gewinn machen Sie und desto weniger Steuern müssen Sie zahlen.

Es könnte zum Beispiel folgendermaßen ablaufen: Im November bemerken Sie, dass das Jahr gut für Sie gelaufen ist, Sie haben besagte 6408,60 Euro Überschuss. Überlegen Sie genau, welche sinnvollen Investitionen Sie noch machen könnten: Kaufen Sie noch Künstlermaterialien. Nehmen Sie an einer Weiterbildung in Ihrer kreativen Sparte teil. Verschicken Sie zu Weihnachten noch ein Mailing an Ihre Kunden. Geben Sie noch einmal 2000 Euro aus, und Sie haben nur noch 4400,00 Euro Überschuss. Dadurch rutschen Sie in eine günstigere Steuerklasse und müssen nur noch etwa 19 Prozent Steuern zahlen. Es bleibt eine Steuerlast von 836,00 Euro – doch, wie gesagt, es sind nur Beispielwerte! Wahrscheinlich zahlen Sie weniger …

Diese Rechenexempel sollen Ihnen ein wenig die Angst vor dem Finanzamt nehmen. Das Finanzamt gestattet Ihnen, in Ihren Beruf zu investieren. Sie lieben Ihren Beruf als Kreativer. Also macht es auch Spaß zu investieren, zumal bei gutem Marketing Investitionen zu mehr Umsatz führen (und damit wieder zu mehr Einnahmen, die Sie investieren können oder versteuern müssen). Die ganze Angelegenheit ist halb so schlimm, wie immer alle tun. Sammeln Sie ordentlich alle Belege in einem Ordner, aufgeteilt nach Ihren Ausgaben und Einnahmen. Wenn Sie mogeln, fliegt das bei einer Prüfung auf. Das Finanzamt prüft Ihre Konten, prüft, welche Bilder verkauft wurden, und fragt sich, womit Sie den Ferrari vor der Tür bezahlt haben. Wenn Sie nicht betrügen, müssen Sie nichts befürchten. Ich lebe gerne ohne Angst vor dem Finanzamt. Und noch lieber investiere ich in meinen Beruf.

Die Kritik am Staat bleibt dennoch berechtigt. Wenn man nur 13 600 Euro netto verdient, ist es schon happig, von diesem spärlichen Betrag noch Steuern einzufordern. Der Steuerfreibetrag ist einfach zu niedrig angesetzt.

Rücklagenbildung

Jedes gesunde Unternehmen bildet, sobald es ihm möglich ist, finanzielle Rücklagen. Für einen Kreativen ist das ebenfalls zu empfehlen. Mit Rücklagen verschaffen Sie sich die Freiheit, nein zu sagen.

Wenn Sie beispielsweise 5000 Euro verdienen, davon 1500 Euro sofort verbrauchen, um zu feiern, Ihre Kleiderkammer und den Vorrat zu füllen und 1000 Euro in Ihr Unternehmen zu investieren, indem Sie neue Materialien kaufen oder schöne Visitenkarten drucken, so bleiben Ihnen 2500 Euro.

Je nach Lebenswandel können Sie davon ein bis zwei Monate leben und arbeiten und sich finanziell unabhängig kreativ entfalten. Sie können Jobs ablehnen, die Ihnen nicht liegen und sich voll und ganz Ihrem kreativen Thema widmen. Durch diesen Freiraum wird sich sowohl die Qualität Ihres Schaffens als auch Ihres Marketings verbessern. Das wiederum verbessert Ihre Erfolgsaussichten in qualitativer Hinsicht.

Wenn Sie Ihre kreative Tätigkeit lieben und sich unabhängig weiterentwickeln wollen, ist es sinnvoll, erst einmal Rücklagen zu bilden, bevor Sie sich einen neuen DVD-Player kaufen, eine teure Party steigen lassen oder einen Linienflug nach Hawaii buchen.

Bilden Sie Rücklagen, dadurch werden Sie freier. Gehen Sie achtsam und kalkuliert mit Geldzeit um. Denn Geldzeit verschafft Freiheit. Freiheit hilft, erfolgreich zu leben und zu arbeiten.

Schluss mit dem Gejammer

Jammern Sie nicht, denn Jammern verbraucht zu viel Kraft. Es ist die Regel, dass junge Unternehmer in den ersten Jahren nach ihrer Firmengründung kaum Geld verdienen und jeden Cent wieder in die Firma stecken. Das ist der Weg zum Erfolg. Aus diesem Grund dürfen Sie auch fünf Jahre lang keinen Gewinn machen, bevor das Finanzamt nachhakt. Wenn es die Norm ist, dass eine x-beliebige Firma ein paar Jahre nach ihrer Gründung kaum etwas verdient, woher kommt dann die Unkerei darüber, dass kreativ Tätige am Anfang so wenig verdienen? Das schadet der Motivation! Einige Jahre von der Hand in den Mund zu leben ist nichts Besonderes für jeden Jungunternehmer, der so etwas Schönes tun darf: von der eigenen Kreativität leben.

Solange Sie mit Freude Ihre Arbeit tun, sind Sie einer der reichsten Menschen der Welt, denn Sie können Ihrer Berufung folgen. Was Sie die Stunde verdienen? Sie verdienen jede Stunde das Lachen der Freiheit, den Wind der Unabhängigkeit. Wer hat das schon? Und schließlich haben Sie die Chance, aufzusteigen. Dann verdienen Sie 1000 Euro am Tag und sind immer noch glücklich und frei.

Wer hat diese Chancen schon? Ist es in den Augen einiger Menschen entbehrungsreich, weil Sie ein altes Auto fahren und in einer preisgünstigen Wohnung leben? Für Sie ist es Armut, nur Geld zu verdienen, aber den eigenen Traum nicht zu leben.

Die Künstlersozialkasse

Ein Privileg, das Freiberufler, die von der eigenen Kreativität leben, gegenüber anderen Selbständigen genießen, ist die Künstlersozialkasse (KSK). Sie hilft Geld sparen. Und zwar enorm viel. Die Künstlersozialkasse übernimmt nämlich die Hälfte der Beiträge für Kranken-, Pflege- und Rentenversicherung. Das oben angeführte Rechenbeispiel hat gezeigt, dass es hier schon bei einem niedrigen Einkommen schnell um einige hundert bis tausend Euro gehen kann, die Sie durch die KSK sparen können.

Auf Anfrage versendet diese Institution recht übersichtliches Infomaterial an Sie. Auch die Internetseite der KSK hilft gut weiter. Die Mitarbeiterinnen und Mitarbeiter der KSK sind – meiner Erfahrung nach – ausgesprochen höflich, hilfsbereit und geduldig. Wenn Sie Fragen zu Ihrem Antrag haben, bekommen Sie bereitwillig Hilfe.

Der Ablauf:

1. Fordern Sie formlos ein Antragsformular für die Zulassung zur KSK an:
   Künstlersozialkasse
   26380 Wilhelmshaven
   Telefon: (0 44 21) 75 43-9
   Internet: wwwkuenstlersozialkasse.de
2. Sie füllen den Antrag aus und schicken ihn an die KSK.
3. Die KSK entscheidet über Ihren Antrag. Es kann durchaus vorkommen, dass Rückfragen gestellt werden. Betrachten Sie dies als Qualitätsmerkmal: Man bemüht sich darum, den künftigen Weizen von der Spreu zu trennen.
4. Nach Aufnahme in die KSK zahlen Sie den für Sie anfallenden halben Sozialbeitrag direkt an die KSK, und diese leitet dann den Gesamtbeitrag an die Krankenkasse Ihrer Wahl, sowie an die Renten- und Pflegeversicherung weiter.

Ein paar
nützliche
Tipps

Künstler müssen in die Fremde ziehen

Die meisten Künstler kommen erst zu Ruhm und Ehren, wenn sie ihren Heimatort verlassen. Das hat vielschichtige psychologische Gründe. Wenn man in der eigenen Geburtsgegend als erfolgreich akzeptiert wird, passiert es nur, weil man es in »der Fremde« geschafft hat.

In Ihrem Heimatort kennen alle Sie noch aus der Zeit, als Sie noch in den Windeln lagen; sie wissen noch, wie Sie in die Schule kamen und wie Sie beim Äpfelklauen erwischt wurden. Sie kennen Ihre Eltern und womöglich Ihre Großeltern, die in der Regel keinen künstlerischen Berufen nachgingen.

Von Künstlern erwartet man, dass sie einen Weg nicht nur in ihrem beruflichen Werdegang, sondern auch in der Welt zurückgelegt haben.

Ausländische Künstler haben in dieser Hinsicht durchaus einen nicht zu unterschätzenden Vorteil, in welchem Land auch immer. Von Künstlern erwarten die meisten Menschen ein gewisses Maß an Exotik und Fremdartigkeit. Wenn sie sich noch daran erinnern, wie Sie in den Windeln lagen, werden Sie es kaum schaffen, exotisch zu wirken. Künstler müssen von der

Aura des Geheimnisses umgeben sein. Nachbarn umgibt kein Geheimnis.

Wenn Ihnen dieser Tipp schrullig vorkommt, dann bitte ich Sie doch, sich einmal zu überlegen, wo bekannte Künstler leben. Leben sie in ihrem Heimatort, dann sind sie meist von einer langen Reise zurückgekehrt. Eine Ausnahme bilden in dieser Beziehung eventuell die Großstädte: Doch auch als gebürtiger Großstadtmensch werden Sie zu Beginn Ihrer Künstlerlaufbahn in anderen Städten erfolgreicher sein.

Das Fortziehen von Ihrem Geburts- bzw. Heimatort ermöglicht zudem in der Regel eine freiere Selbstfindung. Jeder Mensch wird von seinem Elternhaus und seinem sozialen Umfeld stark geprägt. Solange diese Nabelschnur nicht durchtrennt wird, verschließen Sie sich wichtigen Erfahrungen und Erkenntnissen.

Wenn Sie erkennen wollen, wer Sie wirklich sind, sollten Sie Ihren Heimatort verlassen. Niemand hindert Sie daran, später zurückzukehren. Doch zuerst müssen Sie in die Welt hinausgehen.

In einigen Handwerksberufen ist es noch heute Tradition, dass sich der Geselle auf Wanderschaft begibt. Er zieht durch die Welt, arbeitet und lernt allerorten in den verschiedensten Berufen und natürlich auch in seinem eigenen. Erst wenn er seine Reise beendet hat, darf er Meister werden.

Auch in den Märchen zieht der Held in die Fremde, um Abenteuer zu bestehen, bevor er zurückkehrt und gefeiert wird. Märchen sind ein Spiegelbild der Seele des Volkes.

Wenn Ihre Berufung ein freier kreativer Beruf ist, werden sich die Menschen in der Fremde mehr als die in Ihrem Heimatort für Sie und Ihr Werk interessieren. Die Fremde hilft einem, sich über sich selbst Klarheit zu verschaffen und sich zu definieren. Und außerdem – Kreative sollte ein Hauch von Geheimnis und Abenteuer umgeben.

Zeitmanagement ist Selbstmanagement

Einer der Gründe, warum viele Künstler den Weg zum Erfolg gar nicht erst beschreiten, ist ihre absolut chaotische Beziehung zur Zeit. Sie kommen häufig einfach nicht mit der Einhaltung von Terminen zurecht. Planen scheint für viele ein Fremdwort zu sein. Oft hegen sie eine regelrechte Abneigung gegen jegliches Zeitmanagement, gegen Uhren und Wecker.

Viele nur mäßig erfolgreiche Kreative planen nie länger als bis zur nächsten Ausstellung. Meistens entspringt eine solch laxe Haltung gegenüber der Zeit einer fehlenden Zieldefinition. Wenn ich kein klares Ziel vor Augen habe, fehlt mir auch die Vorstellung von einem der wichtigsten Parameter der Zielerreichung: vom Zeitplan.

Seit fast zehn Jahren ackere ich die Literatur zum Thema »Zeitmanagement« und habe trotz bester Vorsätze nie länger als höchstens zwei Wochen mit den meisten Empfehlungen dieser Bücher leben. Einige wenige Zeittipps fand ich jedoch überaus hilfreich.

Ein gekonnter Umgang mit Zeit ist für viele eine Voraussetzung für gutes Marketing. Erfolgreich zu sein braucht großen Zeiteinsatz. Darum ist es nützlich zu wissen, wie man mit der Zeit besser umgehen kann.

- *Zeit-Tipp eins: Definieren Sie Ihr Ziel!*

Wenn Sie Ihr Ziel kennen und es klar definieren, so wie im ersten Teil des Buches beschrieben wurde, kommen Sie auch besser mit der Planung Ihres Lebensstils zurecht. Je klarer Sie wissen, was Sie wollen, desto besser können Sie es in Ihrem Leben ohne Druck und Stress realisieren.

Wer nicht erkannt hat, was genau er im Leben will, treibt dahin, gewogen von den Wellen des Daseins. Manch einer will sich nur dahintreiben lassen. Doch die meisten Menschen wollen etwas im Leben erreichen. Finden Sie heraus, was für Ziele Sie haben, und Sie werden weniger Zeit benötigen, weil Sie eher Dinge tun, die Sie Ihrem Ziel näher bringen. Sie können sich langfristige Ziele setzen, für Ihr ganzes Leben oder für fünf bis zehn Jahre; aber auch Monats-, Wochen- und Tagesziele helfen einem sehr, die vorhandene Zeit sinnvoll und strukturiert zu nutzen.

- *Zeit-Tipp zwei: Stellen Sie eine Prioritätenliste auf!*

Diesen Tipp halte ich für den Hit unter den Zeittipps: Schreiben Sie morgens früh oder abends vor dem Zubettgehen alle Dinge auf, die Sie heute bzw. morgen erledigen wollen.

Gehen Sie dann die Liste durch und nummerieren Sie die Dinge nach ihrer Dringlichkeit und Wichtigkeit.

Erledigen Sie zuerst die drei wichtigsten und dringendsten Dinge. Schreiben Sie dann eine neue Liste und wählen Sie wieder die drei wichtigsten Dinge aus.

Der Trick ist simpel und sehr effektiv. Fast alle Menschen und besonders Künstler und Kreative neigen dazu, die dringenden und wichtigen Dinge vor sich herzuschieben. Ent-

268

weder man verpasst sie dann oder man gerät in Panik und Stress, um sie zu erledigen.

Ein Riesennachteil dieser »Verschiebmethode« ist unter anderem, dass man die Dinge, die man vor sich herschiebt, ständig im Kopf hat, nach dem Motto: »Mist, das und das muss ja noch getan werden, na, das mache ich später.« Und schon erledigt man etwas anderes, das eigentlich Spaß machen könnte, aber weil noch der dunkle Schatten des »Ich muss ja noch« über einem schwebt, wird die schöne Tätigkeit ebenfalls zum Stress.

- *Zeit-Tipp drei: Erledigen Sie unangenehme Dinge zuerst!*
Fast alle Menschen neigen dazu, unangenehme Dinge auf »die lange Bank zu schieben«. Damit schafft man es spielend, sich das halbe Leben zu versauen. Der Nachteil des Verschiebens ist nämlich:

a) Bis man dann das Unangenehme tut, sitzt es einem im Nacken und lässt einen nicht los nach dem Motto: „»Du musst aber noch unbedingt ...«

b) Meist schiebt man das Unangenehme so lange auf, bis man es schließlich unter Druck oder nicht zufriedenstellend erledigt. So wird es noch unangenehmer!

Die Lösung: Erledigen Sie die unangenehmen Aufgaben des Tages gleich zu Beginn Ihres Arbeitstages. Wenn Sie alle Dinge, die Ihnen unangenehm erscheinen, den ganzen Tag vor sich herschieben, blockieren sie Ihnen den Tag mit negativen Gefühlen. Wenn Sie die paar wichtigen, aber unangenehmen Dinge gleich zu Beginn des Tages erledigen, haben Sie in gewisser Weise danach frei. Danach haben Sie nur noch angenehmere Aufgaben vor sich.

● *Zeit-Tipp vier: Schaffen Sie Ordnung!*

Vor zehn Jahren hätte ich ein Buch, das mir Ordnung empfiehlt, sofort aus der Hand gelegt. Damals habe ich allerdings mindestens eine Viertelstunde am Tag damit zugebracht, etwas zu suchen. Ich pflegte die für Künstler typische Unordnung. Doch irgendwann habe ich nachgerechnet: Eine Viertelstunde Suchen, das sind 1¾ Stunden in der Woche, sieben Stunden im Monat, vierundachtzig Stunden im Jahr.

Das sind rund neun volle Arbeitstage. Ich habe neun Arbeitstage im Jahr damit verbracht, Schlüssel, Socken, Pinsel, Stifte, Bücher, Kontoauszüge, Farben, Geldbörsen, Jacken, Toilettenpapier oder was auch immer zu suchen.

Der fernöstlichen Harmonielehre Feng Shui zufolge geht mit Unordnung in der Wohnung oder im Büro immer Unordnung im Inneren seines Bewohners Hand in Hand. Das ist nicht an den Haaren herbeigezogen. Als Feng-Shui-Berater kann ich oft schwierige und verworrene Lebenssituationen klären, indem ich meine Kunden anleite, bestimmte Bereiche ihres Hauses, ihrer Wohnung oder ihrer Arbeitsstätte aufzuräumen.

Es ist völlig unmöglich, dass der Mensch etwas um sich herum erzeugt, was nicht aus seinem Selbst entspringt. Ordnung im Außen hilft Ordnung ins Innere zu bekommen.

Wir sind, was wir essen. Wir sind, mit welchen Menschen wir uns umgeben. Wir sind, wie wir uns kleiden. Und wir sind, wie wir wohnen.

Zeit-Tipp fünf: Rechnen Sie mal nach!

Im Allgemeinen macht jeder Mensch viele Dinge über Jahre hinweg mit täglicher Regelmäßigkeit, ohne sich zu fragen, ob es ihm überhaupt etwas bringt. Ich habe früher mindestens eine Stunde damit verbracht, im Fernsehen herumzuzappen. Meine tägliche TV-Zeit lag in etwa beim deutschen Schnitt (!) von inzwischen drei Stunden pro Kopf und Tag.

365 Tage mit durchschnittlich drei Stunden TV sind 1095 Stunden oder 121 Arbeits- oder Urlaubstage.

Als ich diese Zahlen sah, war die Rechnung für mich einfach: Ich sehe nicht mehr fern und nutze die 121 gewonnenen Tage, um 60 Tage mehr kreativ tätig zu sein und 60 Tage mehr spazieren zu gehen, mit Freunden Karten zu spielen, zu grillen, zu lieben, mich zu betrinken, ins Kino zu gehen oder einfach gar nichts zu tun. Nebenbei spare ich im Jahr ein kleines Vermögen an Fernsehgebühren.

Übrigens: Viele sehr erfolgreiche Menschen sehen nicht oder kaum fern, wie anhand von Erhebungen festgestellt worden ist. Interessanterweise handelt es sich fast immer um Menschen, die ihre Zeit kreativ nutzen!

Aber nicht nur zu viel Fernsehen schluckt Lebenszeit. Wenn Sie am Tag nur fünf Minuten der Werbung widmen, die Sie per Post bekommen oder Zeitschriften lesen, dann sind das im Jahr mehr als dreißig Stunden oder drei Arbeitstage.

Profis sichten nur die Werbung, die sie bestellt haben. Der Rest wandert direkt in den Mülleimer. Drei Tage im Jahr gespart.

Wenn Sie sich einmal in der Woche eine halbe Stunde so sehr über Kollegen, Familie, Konkurrenz oder Politik ärgern, dass Sie nicht mehr klar denken können, sind das 26 Stunden im Jahr. Drei Arbeitstage!

Dokumentieren Sie mal eine Woche lang jeden Schritt, den Sie tun, und rechnen Sie dann aufs Jahr oder gar auf Ihr Leben hoch. Diese Übung lohnt sich natürlich nur für diejenigen, die ihre Zeit sehr straff nutzen. Wenn Sie mit Ihrer Zeit auskommen, lohnt es sich dennoch: Es ist nämlich spannend festzustellen, wie wenig Zeit man der Liebe widmet und wie viel Zeit man aufwendet, um Geschirr zu spülen.

Zeit-Tipp sechs: Reduzieren Sie!

Je weniger Tätigkeiten Sie nachgehen, desto weniger können Sie sich verzetteln. Je weniger Sie meinen, erleben zu müssen, desto tiefer können Sie das Wenige erfahren. Wenn Sie auf Tun in der Vielfalt verzichten, können Sie mehr sein in dem wenigen, was Sie tun. Je weniger Sie arbeiten, desto mehr Power können Sie in diese Arbeit legen.

Prüfen Sie einfach immer wieder: Muss ich das tun, was ich da gerade tue? Ist es wirklich wichtig für mich oder ist es »nur« eine Gewohnheit? Reduzieren Sie auch immer wieder alles, was sich in den Ecken, Regalen, Kellern und auf dem Speicher Ihres Hauses angesammelt hat. Sie werden feststellen: Wenn Sie alte Dinge loslassen, befreien Sie sich auch von alten Vorstellungen und Verhaltensweisen.

Die 20:80-Regel

Eng verwoben mit den bereits genannten Tricks ist die 20:80-Regel. Sie besagt, dass Berufstätige in 20 Prozent ihrer Arbeitszeit die 80 Prozent wichtigsten und effektivsten

Dinge tun. Die übrigen 80 Prozent ihrer Arbeitszeit werden sehr uneffektiv eingesetzt, um nur 20 Prozent des Effektivitätsvolumens zu bewältigen. Oder: 20 Prozent der Arbeit bringen 80 Prozent Erfolg, Umsatz, Bekanntheit. Den überwiegenden Teil von 80 Prozent der Arbeit wendet der Berufstätige auf Tätigkeiten an, die nur 20 Prozent zu seinem Umsatz, Erfolg oder Ruhm beitragen.

Bei erfolgreichen Menschen, Lebenskünstlern und Künstlern beobachte ich, dass sie intuitiv nur 40 Prozent Arbeitszeit einsetzen, um auf 160 Prozent Erfolg zu kommen. Die restliche Zeit nutzen sie zum Müßiggang und zur Inspiration oder um Zeit mit Familie oder Freunden zu verbringen.

Wie schafft man es, aus einem Minimum an Zeit ein Maximum an Effektivität zu erzielen?

- Indem man genau weiß, was man erreichen will.
- Indem man Prioritäten setzt.
- Indem man unangenehme und wichtige Dinge zuerst erledigt.
- Indem man Ordnung hält und sich klarmacht, wo Zeit unnütz verloren geht, und diese Zeitlöcher eliminiert.
- Indem man sein Tun auf das Wesentliche reduziert.

Ausdauer und Beweglichkeit

Die praktischen Tipps in diesem Buch werden Ihnen weiterhelfen, Ihrem Traum vom Leben als Kreativer zu folgen. Doch Zaubertricks finden Sie hier nicht: Selbst mit der Umsetzung guter Marketingtipps, selbst mit beachtlicher Begabung auf kreativem Gebiet werden wahrscheinlich auch schwere Zeiten auf Sie zukommen.

Das Leben wird Ihnen etliche Steine in den Weg legen, um zu prüfen, ob Sie nach dem Fallen wieder aufstehen. Ganz ohne Schwierigkeiten aller Art wird so gut wie keiner groß. Ich kenne niemanden, der einen geraden Weg ohne Stolpern und Stürzen ging. Wenn in den Medien von »Shootingstars« die Rede ist, dann handelt es sich in der Regel um Künstler, die professionell gemanagt wurden und sehr hart gearbeitet haben oder um solche, die einen Eintagshit landeten. Von denen sind die Medien voll. Sie dienen allen als Traumvision. Doch die meisten aller »Superstars«, die am Morgen noch gefeiert wurden, sind am Abend schon in Vergessenheit geraten. Wollen Sie einmal berühmt sein und dann untergehen, oder wollen Sie Ihre Kreativität ein Leben lang leben?

Schnell, reibungslos und gewaltig (reich und berühmt) ist eine Wunschvorstellung, an die wir nur allzu gern glauben. Die Medien machen eindimensionales Marketing, sie befriedigen das Bedürfnis der Menschen nach der Lieblingslüge vom Prinzen, der kommt, einen wach küsst, und schon wird man berühmt und reich.

Schminken Sie sich das lieber ab – Prinzen- und Prinzessinnenküsse müssen Sie sich verdienen! Aber es gibt vier Voraussetzungen, die die Chance erhöhen, vom Erfolg geküsst zu werden:

1. Sie sollten Geduld haben.
2. Sie sollten Geduld haben.
3. Sie sollten Geduld haben.
4. Sie sollten noch mehr Geduld haben ...

Gemeint ist jedoch die Geduld des beständig seiner Vision folgenden Kreativen. Es gibt wohl einige Zehntausend kreative Menschen, die ihre Bilder malen, ihre Buchmanuskripte fertig in der Schublade liegen haben oder über andere bemerkenswerte Talente verfügen. Gelegentlich sind sie schon mal in die Öffentlichkeit getreten oder haben schon etwas verkauft. Sie sind Mitglieder in einer regionalen Kunstgruppe mit jährlicher Ausstellung. Und sie wundern sich, dass sie nicht weiterkommen.

Wenn Sie wollen, dass sich etwas bewegt, sollten Sie die Beine unter die Arme nehmen und schaffen, schaffen, schaffen. Sie sollten Ihre Vision, Ihr Ziel konsequent verfolgen – das verstehe ich unter Geduld. Sie sollten ständig lernen. Jede Gelegenheit nutzen, und jede Ablehnung sollte nur Ihren Willen stärken und sich in eine Lehreinheit verwandeln.

Seien Sie nicht starr in Ihrer Geduld, sitzen Sie das Thema nicht aus. Seien Sie beweglich. Wer darauf besteht, dass seine Kunst perfekt ist, und sich nicht bemüht, dazuzulernen, wer für neue Sicht- und Arbeitsweisen nicht empfänglich ist, der ist erstarrt. Erstarrte Menschen haben im einundzwanzigsten Jahrhundert wenige Chancen auf Erfolg.

Sie sollten beharrlich sein und sich nicht davon abbringen lassen, an sich selbst zu glauben und dennoch ständig an sich arbeiten. Sie sollten an die Öffentlichkeit gehen und Kontakte knüpfen.

Sie sollten mit Selbstzweifeln und Frustrationen fertig werden. Stehen Sie diese unangenehmen Erlebnisse durch, und Sie werden durch sie reifen.

Wenn Sie sich von Selbstzweifeln und unangenehmen Erlebnissen abbringen lassen, Ihren Weg zu verfolgen, dann sind

Sie nicht besessen genug. Auch das ist völlig in Ordnung. Man kann auch am Wochenende und am Feierabend sein Potenzial entfalten und als Künstler leben, während man tagsüber einen Job macht.

Künstler sein heißt, in kaltes Wasser springen. Es heißt manchmal auch, dass man im Wasser ertrinkt. Wer es schafft, sich immer wieder selbst zu gebären, hat bessere Chancen. Wem es gelingt, aus jedem Untergang eine Lehre zu ziehen, für den gibt es keine echten Katastrophen. Künstler zu sein heißt, ein Abenteurer zu sein. Ein Mantel- und Degenheld. Manchmal auch ein Draufgänger.

Bei manchen Künstlern dauert es zehn bis zwanzig Jahre oder noch länger, bis sie von ihrer Kreativität leben können. Wenn Sie bereit sind, alles zu geben, ist es je nach Talent und günstigen Umständen möglich, binnen einem bis sechs Jahren hauptberuflich von der eigenen Kreativität zu leben. Das hängt von der Branche ab. Bieten Sie Dienstleistungen im Kreativbereich an, so geht es meiner Einschätzung nach wesentlich schneller als mit dem Anbieten von künstlerischen oder schriftstellerischen Produkten.

Konsequent sein heißt, dem eigenen Stil folgen, ihn beibehalten, verbessern und vertiefen. Sich nicht von Rückschlägen einschüchtern lassen. Zu dem eigenen Werk und sich selbst stehen.

Beharrlichkeit und Geduld im Umgang mit den Mitmenschen, den Kunden, den Vermittlern, den Medien und vor allem mit sich selbst und den eigenen Wünschen sind das A und O, wenn Sie von Ihrer Kreativität leben wollen.

Künstler und Kreative leiden gern. Am Undank der Welt, an den Schwierigkeiten, sich als Kreative durchzusetzen und an sich selbst. Leid ist für viele von ihnen ein Quell der Kreativität. Aber es hindert meistens daran, sich beruflich weiterzuentwickeln.

Traurigkeit, Leid und Missmut sollten das Leben und Arbeiten nicht dominieren, vor allem nicht bei kreativ Tätigen. Sie üben die schönsten Berufe aus, sind weitgehend frei und sollten diese Vorzüge freudig genießen.

Gutes Marketing darf in Freude und Begeisterung gelebt werden. Es bringt energetisch nur etwas, sich selbst zu bedauern, wenn man daraus die Kraft zieht, sich zu verbessern.

Wenn Sie von Ihrer Kreativität leben wollen, ist es wichtig, dass Sie Ihren Mitmenschen und Kunden mit Freude, Frohsinn und Mut begegnen. Wenn Sie missmutig, misstrauisch oder mürrisch herumlaufen, werden Sie nach dem Resonanzprinzip genau das Gleiche ernten. Beherzigen Sie diesen Grundsatz!

Viele Menschen sind besonders erfolgreich, weil sie Begeisterung ausstrahlen. Begeisterung über ihre Kunst, ihr Leben, das Leben im Allgemeinen und natürlich auch über jeden Kundenkontakt.

Selbst wenn Sie sich einmal vom Weg der Kreativen abwenden sollten, weil er für Sie zu beschwerlich ist – schauen Sie nicht missmutig zurück. Jede Zeit ist eine gute Zeit, solange wir nicht an schweren körperlichen Gebrechen leiden. Wir sollten für alle Erfahrungen, die auf uns zukommen, offen sein.

Leiden bringt nicht weiter. Freude kann ein Markenzeichen sein, wie in meinem Fall. Und auf dem Banner, das Sie ins Feld des Lebens tragen, kann ruhig Begeisterung stehen. Mit dieser Haltung ziehen Sie freundliche Menschen und angenehme Situationen an. Vertrauen Sie darauf. Das Leben gibt das, was es bekommt.

In Bewegung bleiben: Weiterbildung

Einen Bestandteil der fünften Stufe zum langfristigen Erfolg halten Sie hier in den Händen: ein Buch. Im zwanzigsten Jahrhundert mag es möglich gewesen sein, durch die Vermarktung einer einzigen guten Idee ein Leben lang zu überleben. Doch gegenwärtig und in Zukunft werden die Menschen auf allen Märkten ständig herausgefordert sein, sich weiterzuentwickeln. Im 21. Jahrhundert sorgen die Vernetzung des Wissens und der Wille von Millionen kreativ tätigen Menschen überall auf der Welt, sich frei zu entfalten und von ihrer Kreativität zu leben, für neue Herausforderungen. Will man langfristig erfolgreich bleiben, so ist es erforderlich, dass man sich und die eigene Arbeit ständig verbessert, vertieft und zu erweitern sucht.

Bücher sind eine hervorragende Methode, sich neues Wissen anzueignen. Aus diesem Grund finden Sie hier auch einige Literaturhinweise zum Thema qualitativer und quantitativer Erfolg, die ich selbst gelesen und von denen ich Nutzen gezogen habe.

Die eigene Sicht zu erweitern, Ihr Schaffen bisweilen selbstkritisch in Frage zu stellen, hilft Ihnen, sich weiterzuentwickeln. Den größten Einfluss auf den Erfolg hat nämlich Ihr inneres Wachstum. Die konstruktive Arbeit am Ich ist eine Art Versicherung dagegen, dass man starrsinnig wird und der langfristige Erfolg verloren geht oder sich erst gar nicht einstellt. Es hilft, sich der Meinung und Kritik anderer Menschen zu stellen, sei es in Gruppen, auf Messen und Ausstellungen, in Gesprächskreisen oder Seminaren, die zur Selbstreflexion einladen. So kann das ganze Leben eine herrliche Therapie sein, in der man sich selbst näher kennenlernt und sich über die Notwendigkeit des reinen Überlebens hinaus zu einer Persönlichkeit entwickelt. Dieses Buch handelt von der Kraft, die Marketing dadurch erfährt, dass es mit Ihrer inneren Einstellung verwoben ist bzw. aus dieser entspringt.

Es gibt immer noch etwas dazuzulernen! Nutzen Sie die Möglichkeiten, Fachseminare, Kongresse, Messen und Weiterbildungen zu Ihrer Berufung zu besuchen. Hier gelangen Sie nicht nur an Fachwissen zu Ihrer konkreten Arbeit, sondern bekommen auch Kontakt zu Kollegen und Kolleginnen. Nicht selten wird in den Pausen das wesentlichere Wissen kommuniziert.

Mein persönlicher Tipp: Es lohnt sich auch, an einer Weiterbildung teilzunehmen, die nur am Rand oder indirekt Ihr Fachgebiet berührt: als Holzbildhauer ein Seminar über Forstwirtschaft, als Maler eine Fortbildung in Wahrnehmungspsychologie, als Autor einen Vortrag über Betriebswirtschaft für Kleinstunternehmen, als Grafiker ein Seminar in Verkaufstechnik, als Schauspieler eine Einweisung in Yoga. Lernen nützt immer, erweitert die Sicht und vermittelt neue Perspektiven. Die Sieger der Zukunft werden die Lernenden sein.

Buchempfehlungen

Lieferbare Bücher

Covey, Stephen R: Die sieben Wege zur Effektivität: Prinzipien für persönlichen und beruflichen Erfolg. Gabal, Offenbach 2006 – ISBN: 978-3-897-49573-9.

Ein hervorragendes Buch zum Thema Zeitmanagement, das in den Bereich Lebenskunst und Wahrnehmung hineinreicht und wichtige Hinweise gibt für den Umgang mit Zeit, langfristige Lebens- und Berufsplanung sowie für die Fragen nach dem Sinn des eigenen Handelns. Ein Buch, das die ganze Zeitmanagementbranche mobilisiert hat.

David, Peter: Inkasso – So treiben Sie Außenstände ein. Mit CD-ROM
Haufe Verlag, Freiburg 2003 – ISBN: 3-448-05664-2.

Dieses Buch hilft auf übersichtliche und nachvollziehbare Weise weiter und enthält sogar eine CD-ROM, um die amtlichen Formulare auszudrucken. Wenn Sie mehr als einmal im Jahr Mahnbescheide beantragen müssen, dann sollten Sie sich dieses Buch zulegen.

Gratzon, Fred: The Lazy Way To Success – Ohne Anstrengung alles erreichen. Kamphausen Verlag, Bielefeld 2004 – ISBN: 978-3-933-49681-2.

Ganz im Geiste meines Buches: In einer meiner größten wirtschaftlichen Krisen stieß ich auf Gratzons Buch, und ich habe trotz Geldnot auf »faul« gestellt: Nach zwei Wochen liefen die Geschäfte wieder an. Ein freches Buch, nett zu lesen und inspirierend.

Jürries, Alexander: Anpacken statt aufschieben. Haufe Verlag, Freiburg 2004 – ISBN: 978-3-448-06190-1.

Sie lassen Ihre Arbeit gerne liegen, bis Sie Torschlusspanik bekommen? Leiden Sie unter »Aufschieberitis«? Oder wissen Sie nicht genau, was Sie vom Leben wollen, wohin die Reise gehen soll, was Ihr Ziel sein könnte? Dann können Sie mit Hilfe dieses »Trainingsbuchs« diesem Missstand Abhilfe schaffen. Auf dem Weg zum Erfolg ist es auf jeden Fall ein hilfreicher Freund in bewährter Qualität.

Knoblauch, Jörg/Hüger, Johannes/Mockler, Marcus: Dem Leben Richtung geben. Campus Verlag, Frankfurt a. M. 2003 – ISBN: 3-593-37323-8.

Ein tolles Buch, um herauszufinden, was man im Leben erreichen will. Wenn Ihnen die Anregungen und Übungen in meinem Buch nicht genügen und Sie sich nicht im Klaren darüber sind, was eigentlich Ihre Berufung sein könnte, dann sollten Sie zu diesem Buch greifen.

Lindner, David: Von Kunst leben – das Hörbuch: Spiritualität und Marketing (Audio-CD). Traumzeit-Verlag, Battweiler 2008 – ISBN: 978-3-933-82575-9.
Die literarischen Passagen dieses Buches, vom Autor vorgelesen.

Meynecke, Dirk R.: Von der Buchidee zum Bestseller. Ullstein Verlag, Berlin 2004 – ISBN: 978-3-548-36687-6.
Das beste Buch zu diesem Thema. Empfehlenswert für alle, die sich nicht nur Gedanken um ihren Stoff machen wollen, sondern auch darüber, wie sie ihn den Lesern schmackhaft machen können.

Osho, Bhagwan Shree Rajnesh: Kreativität – Die Befreiung der inneren Kraft. Ullstein Verlag, Berlin 2004 – ISBN: 978-3-548-74215-1.
Man braucht Osho und seinen eigenartigen Auftritt in der Welt nicht unbedingt zu mögen, doch die von ihm frei vorgetragenen Ansichten sind in höchstem Maße inspirierend. Wenn Sie Ihre Kreativität voll entfalten möchten, aber sich vielleicht durch Ihre Lebensgeschichte oder die Gesellschaft noch etwas gehemmt oder eingeengt fühlen, sollten Sie dieses Buch lesen. Es ist eine lustvolle und wortgewaltige Reise in das Herz der Kreativität. Sehr empfehlenswert.

Schätzlein, Erhard/Rothe, Ines: Kundenorientiert korrespondieren. Fünf Erfolgsmerkmale für Ihre Schreiben. Cornelsen Verlag, Berlin 1999 – ISBN: 978-3-589-23545-2.
Wenn Ihnen Übungen mehr zusagen als Fallbeispiele, dann ist dieses Buch dem von Brückner vorzuziehen. Inhaltlich

behandeln sie dasselbe Thema, sie ergänzen sich aber auf wunderbare Weise.

Scheuch, Fritz: Marketing leicht gemacht. Redline Wirtschaft bei Ueberreuter, Frankfurt a. M./Wien 2002 – ISBN: 978-3-832-30931-2.
Dieses Buch fällt durch einen fairen Preis, einen großen Umfang und einen witzigen Erzählton aus der Reihe. Es ist detailliert und leicht verständlich geschrieben. Wenn Sie in Marketingfragen mitreden und von Fachbegriffen Gebrauch machen wollen, dann ist dieses Buch durchaus zu empfehlen. Ein Standardwerk.

Seiwert, Lothar J.: Wenn du es eilig hast, gehe langsam. Mehr Zeit in einer beschleunigten Welt. Campus Verlag, Frankfurt a. M. 2005 – ISBN: 978-3-593-37665-3.
Ein gutes Buch zum Thema Zeitmanagement. Besonders hilfreich sind die Testreihen, durch die man feststellen kann, ob man ein links- oder rechtshirnaktiver Mensch ist. Nach einem Jahrzehnt der Unzufriedenheit mit meinem Zeitmanagement hat mich dieses Buch mit mir versöhnt. Sehr zu empfehlen.

Vögele, Siegfried: 99 Erfolgsregeln für Direktmarketing. Redline Wirtschaft bei Verlag Moderne Industrie, Frankfurt a. M. 2003 – ISBN: 978-3-478-25501-1.
Wenn Sie viele Briefmailings auch in höheren Auflagen verschicken, dann lohnt es sich, tiefer in die Materie einzusteigen. Der Autor ist ein Pionier auf dem Gebiet der Mailingforschung. Sie erfahren auch, wie man den Autor als

»Marke« etablieren kann. Ein hilfreiches Buch, das profundes Wissen vermittelt.

Über Buchantiquariate oder über Amazon Marketplace zu beziehende, nicht mehr lieferbare Bücher:

Brückner, Michael: Werbebriefe in Textbausteinen. Mailen. Anbieten. Nachfassen. Redline Wirtschaft bei Ueberreuter, Frankfurt a. M./Wien 2002 – ISBN: 3-636-01129-4 (bis zum Erscheinen der Neuauflage kann man dieses Buch kostenlos auf der Internetseite: www.ratgeber-freie.de downloaden).

Buchholz, Goetz: Ratgeber Freie – Kunst und Medien. ver.di GmbH Vertrieb und Dienstleistungen für Kommunikationsmittel, Hamburg 2002
ISBN: 3-932-34906-7

Cornelsen, Claudia/Schwinn, Stephanie: Das 1x1 der PR. Öffentlichkeitsarbeit leicht gemacht. Haufe Verlag, Freiburg 1997 – ISBN: 3448051225

Ewald, Christina: Direktmarketing, so geht's! WRS-Verlag, Planegg 1999 – ISBN: 3-809-21405-1

Ewald, Christina: Werbung für Einsteiger. Haufe Verlag, Freiburg 1999 – ISBN: 3-448-03909-8

Kromminga Cornelia/Lindenberg, Anja: PR für Existenzgründer. Firmenauftritt gestalten. Pressekontakte aufbauen. Kunden gewinnen. Ueberreuter Wirtschaft, Frankfurt a. M./Wien 2002 – ISBN: 3-832-30629-3.

Danksagung

Meiner Frau Doris ein Meer von Liebe! Für alles, was du mir bist, du Engel auf Erden.

Meinem Vater Jürgen und seiner Frau Ute möchte ich für die Unterstützung in den ersten Jahren meiner kreativen Laufbahn ganz herzlich danken.

Meinen Großeltern Anni und Franz danke ich wieder und wieder für den Ort des Friedens, den sie mir über Jahre geboten haben. Ohne sie hätte mein Herz niemals heilen können. Wir werden uns wiedersehen ...

Dank an den großen Geist dafür, dass er mir meinen Gefährten Socke geschickt hat – das Geschenk meines Lebens.

Dank den zahllosen Kreativen, die mich in den letzten Jahren so viel gelehrt haben. Es ist mir eine Ehre, euch begegnet zu sein. Danke auch all jenen, die da noch kommen werden.

Danke der Freude und der Begeisterung, dem Mut und der Liebe. Was wäre ich, würden sie nicht zu mir halten?

Battweiler in der Pfalz
David Lindner